カオスエンジニアリング入門

Introduction to Chaos Engineering

澤橋松王 **監修**
関克隆、河角修、鈴木洋一朗、上野憲一郎 **著**

●本書の内容についてのお問い合わせについて

　この度はC&R研究所の書籍をお買いあげいただきましてありがとうございます。本書の内容に関するお問い合わせは、「書名」「該当するページ番号」「返信先」を必ず明記の上、C&R研究所のホームページ(https://www.c-r.com/)の右上の「お問い合わせ」をクリックし、専用フォームからお送りいただくか、FAXまたは郵送で次の宛先までお送りください。お電話でのお問い合わせや本書の内容とは直接的に関係のない事柄に関するご質問にはお答えできませんので、あらかじめご了承ください。

〒950-3122 新潟県新潟市北区西名目所4083-6　株式会社 C&R研究所　編集部
FAX 025-258-2801
『カオスエンジニアリング入門』サポート係

# はじめに

　いま、IT業界では数十年に一度のパラダイムシフトの真っ只中におり、エンタープライズにおいてもパブリッククラウドやコンテナ技術の活用が本格的な段階に入っています。パブリッククラウドやコンテナ技術を活用することで、アプリケーションの超高速開発を実現し、取引先や消費者に魅力あるサービスを提供し続けることが可能となります。

　一方、パブリッククラウドサービスやマイクロサービス化されたアプリケーションにより、システムを構成するコンポーネント数は増加し、複雑さが増大しています。IT環境が複雑化したことで、ある障害が発生した際の利用ユーザーへの影響が想定し難くなっており、大規模障害につながるリスクが高まっています。

　カオスエンジニアリングは、クラウドベースのアーキテクチャによりIT環境の複雑さが増す中で、システムの信頼性を向上させるための方法論として開発されました。

　本書は、複雑化するITシステムの信頼性を担保するには、オンプレミスでのサーバー時代に築き上げた従来型の障害テストだけではそぐわなくなっている実態について解明していきます。そして、複雑化する分散システムの信頼性向上を目的とした、カオスエンジニアリングを活用した最適なアプローチを解説していきます。

　本書を活用いただくことで、オンプレからパブリッククラウド、コンテナまで分散化し複雑化したITシステムのレジリエンシーを向上し、信頼性の高いサービスを提供していくことができるようになります。

2022年2月

著者一同

本書について

本書の構成
本書は、次の章から構成されています。
- CHAPTER 01：カオスエンジニアリング誕生の背景
- CHAPTER 02：カオスエンジニアリングの概要
- CHAPTER 03：カオスエンジニアリングの実践
- CHAPTER 04：カオスエンジニアリングツール
- CHAPTER 05：CI/CDとカオスエンジニアリング
- CHAPTER 06：セキュリティとカオスエンジニアリング
- CHAPTER 07：海外および国内におけるカオスエンジニアリングの動向
- CHAPTER 08：エンタープライズへの導入にむけて

CHAPTER 01「カオスエンジニアリング誕生の背景」では、なぜカオスエンジニアリングが誕生し発展してきたのか、最初にこの課題に取り組んだ、Netflix社の事例をもとに解説します。

CHAPTER 02「カオスエンジニアリングの概要」では、従来型テストとカオス実験の違いを明らかにして、カオスエンジニアリングの本質を解説します。

CHAPTER 03「カオスエンジニアリングの実践」では、カオスエンジニアリングを実際に適用する場合に何が必要なのか、カオスエンジニアリングの原則に従って実践のステップを説明します。

CHAPTER 04「カオスエンジニアリングツール」では、カオスエンジニアリングで利用されている代表的な障害注入ツールの特徴を紹介し、利用実績の多い「Gremlin」を取り上げ、ツールの導入や利用方法について説明します。

CHAPTER 05「CI/CDとカオスエンジニアリング」では、継続的開発プロセスの中に、カオスエンジニアリングを組み込む方法について説明します。プログレッシブデリバリで利用される「Flagger」と障害注入ツールの「Gremlin」を用いた実装例についても説明します。

CHAPTER 06「セキュリティとカオスエンジニアリング」では、クラウド環境におけるセキュリティ対策に対して、カオスエンジニアリングが果たす役割について説明します。

CHAPTER 07「海外および国内におけるカオスエンジニアリングの動向」では、グローバルおよび国内のカンファレンスやレポートなどから、昨今のカオスエンジニアリングに対する取り組みについて分析した内容を説明します。

CHAPTER 08「エンタープライズへの導入にむけて」では、エンタープライズでカオスエンジニアリングを導入する際の考慮点について説明します。

🛍 対象読者について

本書は、次のような読者に向けて構成されています。

- 情報システム部門リーダー層
- 運用担当者
- ITエンジニア

CHAPTER 04、05では、実際にkubernetes上でコンテナ型アプリケーションを利用して、カオスエンジニアリングの実践例などを解説しています。本書では、コンテナ技術やkubernetesに関する基本的な説明は割愛していますので、当該CHAPTERについては、Linux、kubernetes環境を利用したことがある、または同等の知識・経験があることが望ましいです。

目次 contents

● CHAPTER-01

カオスエンジニアリング誕生の背景

01　昨今のシステムと障害に対する考え方 ………………………… 12

02　Netflixとカオスエンジニアリング ………………………… 15

03　Netflixの開発したツール群 ………………………… 16

04　本章のまとめ ………………………… 18

● CHAPTER-02

カオスエンジニアリングの概要

05　カオスエンジニアリングの原則 ………………………… 20

06　変化するシステム環境 ………………………… 21
　　● 従来型システムの特徴 ………………………… 21
　　● クラウド活用により複雑化するシステム ………………………… 22

07　カオスエンジニアリングとは ………………………… 25
　　● 認識と知識の分類について ………………………… 25
　　● カオスエンジニアリングの目的 ………………………… 26
　　● カオスエンジニアリングの本質 ………………………… 28

08　本章のまとめ ………………………… 30
　　● 参照先リスト ………………………… 31

● CHAPTER-03

カオスエンジニアリングの実践

09　実装に適したシステムについて ………………………… 34
　　● 回復性の実装 ………………………… 35
　　● 可観測性の実装 ………………………… 35
　　● 自動化の実装 ………………………… 36

10 カオスエンジニアリング実践の流れ ……………………… 37
- ●影響範囲を局所化する ……………………38
- ●定常状態における振る舞いの仮説を立てる………………39
- ●実世界の事象は多様である ……………41
- ●本番環境で検証を実行する ………………43
- ●継続的に実行する検証の自動化 ………………45

11 継続的改善の重要性…………………………………………… 46

12 可観測性の重要性………………………………………… 48
- ●カオスエンジニアリングと可観測性 ……………48
- ●モニタリングとの違いについて ………………49
- ●可観測性(オブザーバビリティ)とは ………………50

13 本章のまとめ ………………………………………………… 53
- ●参照先リスト…………………………………………53

●CHAPTER-04

カオスエンジニアリングツール

14 カオスエンジニアリングツールの紹介 ……………… 56
- ●Managed Service ………………………………………57
- ●Hosted Service ………………………………………58
- ●利用形態でのツール比較 ………………61

15 Gremlinの導入…………………………………………… 62
- ●ログインと登録 ………………62
- ●クラスターの登録 ………………63
- ●Gremlinのダッシュボード ………………64

16 攻撃手法の紹介と実際の攻撃例………………………… 66
- ●攻撃対象 ………………66
- ●単発の攻撃 ………………67
- ●シナリオによる攻撃 ………………69

17 本章のまとめ ……………………………………………… 81

● CHAPTER-05
CI/CDとカオスエンジニアリング

18	CI/CDとは	84
19	プログレッシブデリバリとは	85
20	プログレッシブデリバリにおけるデプロイ手法	86
	● ブルーグリーンデプロイメント	86
	● カナリアデプロイメント	86
	● A/Bテスト	87
	● フィーチャートグル	87
21	プログレッシブデリバリのコンポーネント	88
22	プログレッシブデリバリとカオスエンジニアリング	89
	● カナリアデプロイメントとの相性	90
	● カオスエンジニアリングを適用するメリット	91
	● カオスエンジニアリングを適用するデメリット	92
23	プログレッシブデリバリにおけるカオスエンジニアリングの実装	93
	● 全体構成	93
	● アプリケーションの構成	94
	● 全体の流れ	95
	● 事前準備	96
	● ステップ1：カオス実験用のAPIリクエストを作成する	97
	● ステップ2：Canaryリソースを作成する	101
	● ステップ3：イメージを更新する	107
	● ステップ4：ロールバックを確認する	109
24	本章のまとめ	111

● CHAPTER-06
セキュリティとカオスエンジニアリング

25	企業のセキュリティ対策	114
	● セキュリティの実装と運用	114
	● ゼロトラスト	115
	● 企業のセキュリティ対策における限界	118

26　効果的なセキュリティ対策 ・・・・・・・・・・・・・・・・・・・・・・・ 119
　　●システムのセキュリティホールを継続的に把握する ・・・・ 119
　　●セキュリティインシデント発生後の対応を強化する ・・・・・・・・・・ 120

27　セキュリティカオスエンジニアリングとは ・・・・・・・・・・・・・ 121
　　●従来のセキュリティ対策との違い ・・・・・・・・・・・・ 121
　　●セキュリティカオスエンジニアリングのメリット ・・・・・・・・・ 123
　　●セキュリティカオスエンジニアリングのデメリット ・・・・・ 124

28　セキュリティカオスエンジニアリングの流れ ・・・・・・・・・ 126
　　●ステップ1：シナリオの選定 ・・・・・・・・・・・・・・・・ 126
　　●ステップ2：脅威モデリング ・・・・・・・・・・・・・・ 127
　　●ステップ3：カオス実験 ・・・・・・・・・・・・・・・・ 132
　　●ステップ4：レトロスペクティブ ・・・・・・・・・・・ 134

29　セキュリティカオスエンジニアリングのツール ・・・・・・・・・・・・ 135
　　●Chaoslingr ・・・・・・・・・・・・・・・・・・・・・・・・・・・・・ 135
　　●Verica ・・・・・・・・・・・・・・・・・・・・・・・・・ 135

30　本章のまとめ ・・・・・・・・・・・・・・・・・・・・・・・・・・・・・・・ 136

⬢CHAPTER-07

海外および国内における
カオスエンジニアリングの動向

31　海外におけるカオスエンジニアリングの動向 ・・・・・・・・・・・・・ 138
　　●『State of Chaos Engineering』レポート ・・・・・・・・・・・・・ 139

32　国内におけるカオスエンジニアリングの動向 ・・・・・・・・・・・・ 151
　　●国内におけるカオスエンジニアリング関連の活動 ・・・・・・・・・ 151
　　●国内におけるカオスエンジニアリングの実践事例 ・・・・・・・・・ 157

33　本章のまとめ ・・・・・・・・・・・・・・・・・・・・・・・・・・・・・・・・・・ 170

● CHAPTER-08

エンタープライズへの導入にむけて

３４　エンタープライズへの適用ステップ ……………………………172
　　　● 認識を変える ……………………………………………… 174
　　　● 推進チームを決める …………………………………… 176
　　　● チームの目標（達成したいこと）を決める ……………………… 178
　　　● ステージング環境で実践する………………………………… 181
　　　● 投資利益率（Return On Investment：ROI）について ……………… 182

３５　人・プロセスに対する導入 ………………………………183
　　　● ナレッジの単一障害点を検証する…………………………… 184
　　　● 情報処理の精度を検証する ………………………………… 184
　　　● プロセスを検証する …………………………………… 185
　　　● 運用系ツールを検証する ………………………………… 185

３６　導入対象システムの拡張 ……………………………186

３７　GameDayを企画する………………………………189
　　　● GameDayとは ……………………………………… 189
　　　● GameDay実施のステップ ………………………………… 190
　　　● インシデント対応チーム ……………………………… 191

３８　本章のまとめ …………………………………………193
　　　● 参照先リスト ………………………………………… 194

● 索 引 ……………………………………………………195

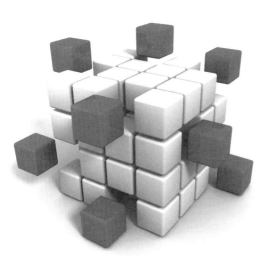

CHAPTER
01

カオスエンジニアリング
誕生の背景

>>> 本章の概要

複雑化するシステムでは、障害箇所や影響範囲を正確に把握することが難しくなっています。そこで、あえて障害を起こして問題をあぶり出し、システムの信頼性を向上させる手法「カオスエンジニアリング」が誕生しました。本章ではカオスエンジニアリング誕生の背景とそれを体系化したNetflixの事例をもとに、これまでの歴史を振り返ります。

昨今のシステムと障害に対する考え方

近年、多くの企業が市場全体のビジネススピードの加速に対して柔軟に対応することが求められており、そのシステム基盤としてクラウドを活用する動きが進んでいます。

クラウド上で構成されたアプリケーションの開発頻度が高まっていくことに加えて、クラウドプロバイダーが提供するサービスに関しても日々アップデートされており、システム全体で見ると常に何かしら変更が行われている状態というのが**クラウドコンピューティング**の特徴でもあります。

クラウド利用が当たり前になる中で、**オンプレミス**に残るシステムがあることも事実です。重要な基幹データであったり、更改が難しいアプリケーションに関してはオンプレミスに残したまま、クラウド上のシステムと連携させて**ハイブリッドクラウド構成**とする例も多く見られます。

その他にもパブリッククラウドだけではなく**プライベートクラウド**との連携であったり、リモートワークの拡大に伴い、**Software as a Service（SaaS）**の活用も広がっています。さらに、**エッジコンピューティング**という、製造現場である工場や車内に取り付けたIoTデバイスを用いて収集したデータをリアルタイムに処理する技術が進展し、企業のインフラ環境は今やデータセンターに収まらない形で急速に拡大しつつあります。

このようなシステム構成では、各コンポーネントがクラウドやオンプレミスなど、さまざまな環境に分散配置され複雑化しており、それぞれの変更頻度が高いことも相まってシステム全体を正確に把握することが難しくなっているのが現状です。

◉図1.1　複雑化したシステム

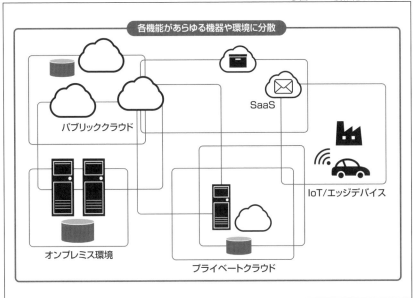

　また、ロケーションだけではなくシステムの作り、すなわちアーキテクチャに関しても非常に多くのサービスが関連し合い、1つひとつのサービスにどのようなトラフィックが発生しているのか追うことができなくなっています。

　図1.2はAmazonとNetflixのサービス間連携を可視化したものです。大規模な分散システムともなると、人の目で捉えきることが不可能であることがわかります。

◉図1.2　AmazonとNetflixのアーキテクチャ

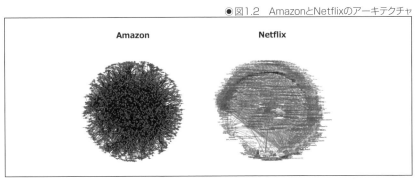

※出典：AWS re:Invent 2019, "Amazon culture of innovation", p.25(https://d1.
awsstatic.com/events/reinvent/2019/REPEAT_1_Amazon_culture_of_inno
vation_ENT224-R1.pdf)およびBruce Wong, "The Case for Chaos", p.12(https:
//www.slideshare.net/BruceWong3/the-case-for-chaos)

　このように複雑化したシステムでは、すべてのコンポーネントに対して障害ケースを事前に洗い出し対策を講じることは非常に難しく、サービスイン後に見落としていた障害が発生するケースが後を立ちません。サービスイン直前で実施した障害テストを1回やったきりでは、想定内の障害しか洗い出すことができないためです。変化していくシステムに対して障害箇所を発見するには継続的に運用フェーズの中でも障害テストを実施し、繰り返しシステムを改善する必要があります。

　クラウド環境に変化が多いという特徴の他に、オンプレミスに比べてユーザーが設計・管理できる領域が少なく、ブラックボックス化している点も1つの要因になっています。障害テストを実施すべき箇所が把握しきれず、そもそもユーザー側がテスト可能な領域がないことから、潜在的な障害点を見逃してしまうためです。

　昨今の複雑化したエンタープライズシステムで障害件数を0にすることなど不可能と言っても過言ではありません。

　障害を避ける方法を探すのではなく、本番稼働中のシステムに対してあえて障害を起こし、それに対応するための訓練を繰り返し行うことで、システム全体を堅牢化し、信頼性を向上させ、組織の障害に対する意識を変えていく必要があります。

　こうした考え方を体系的に確立させた手法が**カオスエンジニアリング**です。

Netflixとカオスエンジニアリング

　実際、「障害を回避するためにあえて障害を起こし、これを繰り返し行うことでシステムの信頼性を向上させ、組織を変えていく」と言うのは簡単ですが、実装には多くの障壁があることは容易に想像がつきます。

　ここではカオスエンジニアリングの手法を打ち立てた先駆者である**Netflix**の事例をもとに、なぜこのような考え方が誕生し、どのようにして実践に至ったかを説明します。

　現在、ビデオのストリーミング企業として有名なNetflixは、もともとDVDのレンタルを中心にビジネスを展開していました。

　その既存のビジネスの無料アドオンとして、ビデオのストリーミングサービスを開始したのが2007年です。当時のNetflixのシステム基盤はオンプレミス上に構築されており、将来的なビジネス拡大を見据えて環境を拡張させていく予定でした。

　そして転換期となる2008年、Netflixのデータベースシステムに重大な障害が発生します。3日間のサービスダウンとレンタルDVDの遅配という大きなユーザー影響を及ぼす障害となりました。

　この障害を起因にして、Netflixは単一障害点を持つ垂直スケールなシステムから、クラウドを活用した水平スケールなシステムへと転換させることを決めます。

　そしてプラットフォームの転換とともに、インスタンスに対して障害を意図的に引き起こすツール「**Chaos Monkey**」の開発に取り組みます。

Netflixの開発したツール群

Netflixがこのツールを開発し、カオスエンジニアリングを実践するに至った背景は、プラットフォームの転換にてAWSを利用し始めたことに端を発します。

当時はクラウドリソースに障害が起きることは日常的にあり、まだまだクラウドサービスは発展途上にありました。

そのため、NetflixはAWSの利用とともに早い段階から障害があることを前提にシステムを構成するという文化が根づき始めました。

そのAWSで最初に取り組んだシステムの1つに「Chaos Monkey」があり、インスタンスやサービスをランダムに落とすことで日頃から障害に備えたシステム/組織作りを実践することとなります。

その後、NetflixはChaos Monkeyの他にさまざまなAWSリソースをダウンさせるツール群(**Simian Army**)を開発していきます。

◉表1.1 Simian Army

Simian Army	説明
Latency Monkey	ネットワーク遅延を引き起こすツール
Conformity Monkey	ベストプラクティスに準拠しないインスタンスを落とすツール
Doctor Monkey	各インスタンスにヘルスチェックを実施し、異常となっているインスタンスを落とすツール
Janitor Monkey	未使用となっているインスタンスを落とすツール
Security Monkey	セキュリティ違反や脆弱性が含まれるインスタンスを検知し、落とすツール
10-18 Monkey	複数の言語セットや地理的情報をもとに、サービス提供時の不具合を検知するツール。「10-18」はLocalization-Internationalizationの略)
Chaos Gorilla	AWS アベイラビリティーゾーン全体を落とすツール
Chaos Kong	AWSリージョン全体を落とすツール

このツールが広がるきっかけとなったのが2011年です。この年、AWS US-eastリージョンにて大規模な障害が発生します。

多くのAWS利用者に影響が出る中、Netflixはこの障害に対するユーザー影響はほとんどなく、このことについてNetflix TechBlogに教訓として記事を記載しました。

- Lessons Netflix Learned from the AWS Outage

  URL https://netflixtechblog.com/lessons-netflix-learned-from-the-aws-outage-deefe5fd0c04

その記事の中でChaos Monkeyについて紹介し、継続的に障害をシミュレートすることで障害耐性を向上させる手法というのが周知されるようになりました。

そして2015年にまたもやAWS US-eastリージョンに障害が発生しました。ここでもNetflixは大きな影響を出さず、障害を乗り切ります。こちらも同じくNetflix TechBlogにて**Chaos Kong**を用いたリージョン障害へ備えていたことが功を奏したと語っています。

- Chaos Engineering Upgraded

    `URL` https://netflixtechblog.com/chaos-engineering-
    upgraded-878d341f15fa

Netflixはこれらの障害経験をもとに、「**カオスエンジニアリングの原則**」（原文：**Principles of chaos engineering**）を提唱します。この原則についてはCHAPTER 02で詳しく説明します。

- カオスエンジニアリングの原則

    `URL` https://principlesofchaos.org/ja/

SECTION-04

本章のまとめ

　ビジネススピードの向上とともにクラウド利用が加速する一方で、オンプレミスに残るシステムも未だ多く、システム全体が複雑化しています。そのような状況下において障害箇所をすべて把握し、対策を講じることが難しくなっているという背景から、あえて障害を起こして脆弱性を検証していくようなアプローチが有効だと考えられ始めました。

　また、システムだけでなく組織における文化の観点でも、障害を前提とする考え方を許容し、日頃から障害に対する対応力を身に付ける必要があることが読み取れます。

　とはいえ、本番稼働中のシステムに対してすぐにカオスエンジニアリングを取り入れることは難しく、NetflixもAWSへの転換によるシステム更改を経て段階的にその文化を広げていきました。

　「カオスエンジニアリングの原則」にはその実装プロセスに関するベストプラクティスが記載されています。

　詳しくは次章「カオスエンジニアリングの概要」で触れていきたいと思います。

1　カオスエンジニアリング誕生の背景

18

CHAPTER
02

カオスエンジニアリングの
概要

▷▷▷ 本章の概要

本章では、複雑化するIT環境において、レジリエンシーの向上
を実現するカオスエンジニアリングの概要について説明します。

カオスエンジニアリングの原則

　カオスエンジニアリングを理解するためには、Netflixが提案した**カオスエンジニアリングの原則**について理解する必要があります。下記に紹介するカオスエンジニアリングの原則のソースコードは、chaos-communityによって運営されているGitHubサイトに掲載されています。

> カオスエンジニアリングは、分散システムにおいてシステムが不安定な状態に耐えることのできる環境を構築するための検証の規律です。（https://principlesofchaos.org/ja/より）

　カオスエンジニアリングでは、この原則に従い、制御された状態（＝綿密な計画のもと）で障害を注入する点がポイントとなります。本章では、カオスエンジニアリングの原則を理解するための基本的な概念について説明します。

変化するシステム環境

　パブリッククラウドの普及とともにクラウドネイティブなアプリケーションでサービスを展開する企業が増えてきています。CHAPTER 01でも説明しましたが、カオスエンジニアリングは、複雑な分散システムに対するサービス運用の必然性から生まれました。Netflixも、自社サービスをAWS（Amazon Web Services）上で提供するにあたり、品質を改善するために意図的に障害を発生させ、その挙動を観察した背景からカオスエンジニアリングが誕生しました。ここでは、従来型システムと複雑化するシステムの特徴を説明します。

🔩 従来型システムの特徴

　オンプレミスをベースとした従来型のシステムでは、ハードウェア・ソフトウェアなどのシステムを構成するすべてのコンポーネントについて、製品選定から設計・構築・テストすることが可能です。そのため、未知の部分や複雑さが比較的少なく、発生する障害事象についても大半が想定することが可能で、可用性の面では大部分が考慮された構成・設計となっています。

　また、耐障害性に関する実装方針については、ハードウェアやソフトウェアなど、個々のコンポーネント自体の信頼性を高めることで耐障害性の高い単一なシステムを実現しています。耐障害性を高めることで、滅多に壊れないことを前提としたシステム設計や運用を行っています。システム構成も、Web3層モデルによるシステム構成となることが多く、ユーザーアクセスに近い上のレイヤーから、たとえばロードバランサー、Webサーバー、アプリケーションサーバー、データベースサーバーのような非常にシンプルな構成となっていることが多いです。

システムの障害時影響を整理する手法としては、**構成要素障害影響分析（Component Failure Impact Analysis：CFIA)**というアプローチがよく用いられます。システムを構成する各要素が持つ障害を想定して、コンポーネント障害時の業務影響を整理しシステムが潜在的に抱える問題点を見える化します。基本的にはすべてにおいて冗長性が確保されている構成となっており、単一障害点（Single Point Of Failure：SPOF)がないか検証します。さらに、各コンポーネント障害時のバックアップ、リカバリ方法、体制など含めた影響分析を行います。CFIAにより業務継続の観点から必要となる対応策を整理して実装することで、各障害が業務に与える影響の最小化を図ります。

運用フェーズに入ってからも、安定稼働を最優先し基本的にシステム変更は行わないため、システム環境はほぼ変わりません。各コンポーネントの配置も基本的には人間の介入なしに変わることはありません。したがって、構築フェーズに実施した障害・性能テストで確認した挙動や対応手順は、基本的にそのまま利用し続けることができます。

インシデント発生時は、全体のシステム構成や非機能要件を実現するための設計要素に関する複雑性が少なく、ハードウェアを直接確認したりソフトウェアに直接ログインして確認したりすることができ、システム内で何が起こっているのかなどの問題発生箇所を比較的容易に推測・調査することができます。想定外の事象も発生はしますが、ファームウェアやソフトウェア不具合もしくは設計考慮漏れの場合が多い印象があります。大部分のケースでは根本原因を特定することができ、同様の障害が発生しないことを目指して再発防止策を立て、横展開することでシステム品質を維持していきます。

🔲 クラウド活用により複雑化するシステム

近年、インフラストラクチャや新規サービス利用に対する俊敏性・柔軟性・拡張性・コスト最適化を求めて、大企業においてもパブリッククラウドの活用が進んでいます。パブリッククラウド利用においては、壊れることを前提として設計・運用すること（**Design for Failure**)が必要となります。各コンポーネントの信頼性は低いが複数台を並べてシステム全体の可用性を高めるのが一般的な設計方針です。インシデント対応方針も、そもそもコンポーネント障害を発生させないというよりは、障害発生時も素早いリカバリを目的とし、高い回復力のあるシステムを目指します。

　パブリッククラウドのようなプラットフォームの特徴として、クラウド事業者側で管理する物理・論理コンポーネントが多いことや、提供されるサービス仕様が定期的に変更されていくことにより、利用ユーザー側では把握することができない環境情報が多くなりました。運用フェーズにおいても、パブリッククラウド上で展開されるサービスの特徴から、短期間・高頻度でアプリケーションをリリースすることが多く、**CI/CD（継続的インテグレーション/継続的デリバリー・デプロイ）**による継続的なシステム変更が発生します。そのため、仕様変更にキャッチアップできていないサービスやブラックボックスとなっているシステム領域に対しては、障害時影響などを想定することが難しくなってきています。

　パブリッククラウドサービスの利用拡大に伴って注目されているのが**クラウドネイティブ技術**の活用です。**Cloud Native Computing Foundation（CNCF）**のクラウドネイティブの定義で言及されているテクノロジーの例には、**コンテナ**、**サービスメッシュ**、**マイクロサービス**、**宣言的API**および**不変のインフラストラクチャ**があります。クラウドネイティブなアプリケーションは、コンテナ化されたマイクロサービスとして構成されているため、コンポーネント数が非常に多くなり、コンポーネント間の相互通信も劇的に増加します。

　マイクロサービスアーキテクチャの出現により、複数のチームが互いに独立したさまざまなサービスを開発および運用することが容易となりました。各マイクロサービスは適切に開発・テストされているかもしれませんが、各マイクロサービス間の相互作用に関するすべてのパターンに対してテストすることはできません。このような複数の相互通信が発生する大規模なシステムについては、個々のコンポーネントは正常に稼働している場合でも、それらのサービス間の相互作用においては予測不可能な障害を引き起こす可能性が高くなります。

　クラウドネイティブであることは、さまざまなコンポーネントやデバイスが同じ場所に配置されたままではなく、人間の介入がほぼ、またはまったくない状態で、非常に高速に作成、移動、変更、および破棄されることを意味します。ある状態における障害を想定・経験したとしても、システム環境は動的に変化し続けるため、同じ環境であり続けることはなく、過去のインシデントと同様の事象が発生するかどうかは予測不可能です。ある状態における障害事象を整理する期間よりも短い期間で環境が変化しているため、整理した想定障害および対策が無駄となってしまうことがあります。

　パブリッククラウドを利用したシステムやマイクロサービス化されたアプリケーションは、**分散システムアーキテクチャ**となります。分散システムとは、主にネットワークで接続された複数のコンピューターによって構成されたシステムのことです。これとは対照的に、従来型システムは、**モノリシックアーキテクチャ**で構成されています。モノリシックシステムでは、複数の機能やサービスが1つのモジュールとして構成されており、1台のコンピューター上で稼働しています。一般的に分散システムというとメインフレーム以外のシステムを指す場合もありますが、ここではパブリッククラウドやマイクロサービスで稼働しているシステムを指すこととします。

　分散システムはモノリシックシステムよりもシステム構成が複雑化する傾向が高いため、いつどのように障害が発生するかを予測することは困難です。このように複雑で大規模な分散システムでは、各システムを構成する要素数が多くなりがちで、CFIAなどの従来型のアプローチのように構成要素を軸に障害時影響を想定することがより困難となります。

◉図2.1　システム構成の特徴

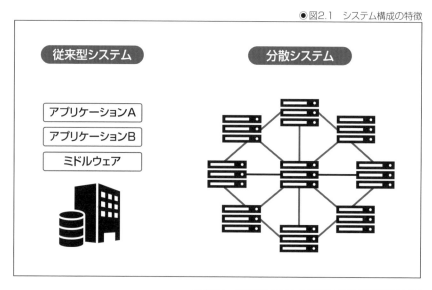

◉表2.1　従来型システムと分散システムの特徴について

項目・特徴	従来型システム	分散システム
プラットフォーム	オンプレミス	パブリッククラウド
アプリケーション構成	モノリシック	マイクロサービス
システム環境	システム塩漬け	継続的な変化
耐障害性方針	高可用性	高回復性
障害時の挙動	予測可能（線形的）	予測できない（非線形的）

カオスエンジニアリングとは

　クラウドネイティブな複雑性の高いシステムでは、1つのコンポーネントの停止が特定の障害に明確にマッピングされることは非常にまれです。障害は1つの場所で始まり、他の複数の領域に素早くまたはゆっくりと拡大していく可能性があります。その場合、最初に発生した小さな障害による影響がエンドユーザーに見えるようになるまでに、原因や結果となる論理コンポーネントが時間とともに変化している可能性があります。そのため、複雑性の高い大規模な分散システムであるほど、未知な項目が多くなり、障害原因・発生時の影響など予測することが難しくなります。

◆ 認識と知識の分類について

　認識や知識に関する状態は、よく次の4つの状態に分類されます。

◉表2.2　認識や知識に関する状態

状態	説明
Known Knowns（既知の既知項目）	理解していることを認識している
Known Unknowns（既知の未知項目）	理解していないことを認識している
Unknown Knowns（未知の既知項目）	理解していることを認識していない
Unknown Unknowns（未知の未知項目）	理解していないし認識もしていない

　Known Knowns（既知の既知項目）については、すでに事象も解決策も理解している状態です。Known Unknowns（既知の未知項目）の場合は、事象が発生することは認識しているが、詳細については理解できていない状態なので、実験を行うことでその挙動を観察し新たな知見を得ることを目指します。

　Unknown Knowns（未知の既知項目）とUnknown Unknowns（未知の未知項目）の事象についても、認識していない事象については計画することも困難となりますが、過去のインシデントやシステムアーキテクチャから仮説を立て実験を行うことで、未知であった挙動に対しても新たな知識を獲得することを目指します。

カオスエンジニアリングを実装する目的は、新しい知識やデータを得ることが主眼となるので、主にKnown Knowns以外の3つのカテゴリに該当する事象に焦点を当てます。未知の事象までスコープを広げて新たな知識を獲得するのが、カオスエンジニアリングによるアプローチとなります。ただし、Known Knowns領域の事象についても理解の正しさを確認するための検証は行います。

● 図2.2 認識と知識の分類

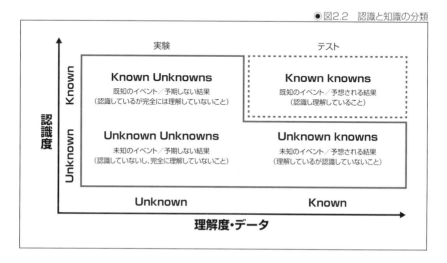

カオスエンジニアリングの目的

カオスエンジニアリングは、いわゆるテストではなく実験です。テスト自体は確認の観点では重要ですが、新しい知識を生み出しません。そして、テストを実施することによる品質担保は、環境がほぼ変化しないか、我々が完全に把握できる状態での変化しか想定しておらず、絶えず変化する前提での品質担保についてはカバーできません。

一方、実験は、新しい知識を得ることができます。テストは既知の事象に対して検証し想定通りの仕様となっていることを確認するのに対して、カオスエンジニアリングは利用者が想定することが難しい予測不可能な事象に対して実験し、未知の事象を発見することを目的としています。システムに対して、意図的に制御された障害を注入することで、システムの挙動を観察するアプローチとなります。そして、新たに発見した問題について修正することで、システムの**レジリエンス（回復力、弾力性）**を高めることが目的です。

◉図2.3　従来型テストとカオス実験の違い

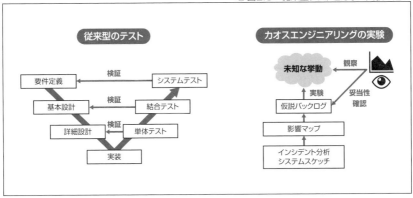

◉表2.3　従来型テストとカオス実験の違い

項目	従来型テスト	カオス実験
実施目的	・既知の事象の確認 ・品質担保	・未知の事象の発見 ・回復性の向上
環境前提	・勝手に変化しない ・単純な構成	・動的に変化する ・複雑な構成
実施タイミング	・開発フェーズ・変更リリース時	・継続的実施

　では、どうしてわざわざシステムに障害を発生させてまで学習するのでしょうか。クラウドやコンテナを活用した分散システムで展開されるサービスは、企業内部の基幹システム、というよりは消費者や取引先が利用するアプリケーションである**SoE（System of Engagement）**系で利用されることが比較的多く、システム停止は収益の大幅な損失につながる可能性が高いです。それだけでなく、インシデントが発生した場合はその対応に時間が割かれて、本来やるべき開発業務などを遂行できない可能性があります。

　カオスエンジニアリングは、システム全体の異常な動作によりユーザー影響が発生する前に、システムの弱点を見つけ修正しようとする試みです。意図的に注入したストレス下でシステムがどのように応答するかをプロアクティブに実験することで、ニュースになる前に脆弱性を特定して修正することを目指します。このような**分散システムの複雑性に対するリスク軽減に対処する方法論がカオスエンジニアリング**です。

そしてカオスエンジニアリングで重要となる**FIT（Failure/Fault Injection Testing）**ツールは、カオスエンジニアリングアプローチの手段・ツールとなります。この後のCHAPTER 04で紹介するFITツールは、具体的にはコンポーネント停止、CPU/メモリの消費、ネットワーク遅延などの障害を注入する方法を提供します。カオスエンジニアリングアプローチの価値は、システム障害時の未知の振る舞いの発見や、インシデント検知から回復までのプロセスの検証を通じた、サービス停止リスクの軽減にあります。

🎲 カオスエンジニアリングの本質

カオスエンジニアリングというと、単に障害をランダムに発生させて、挙動を観察するだけという印象を持たれている方が多いかと思います。カオスエンジニアリングは、カオスな状況を注入するという説明もありますが、注入する障害事象は制御されていますし、制御しなければなりません。CHAPTER 01でも説明しましたが、Netflixが初期に行っていた手法では、EC2などのコンポーネントをランダムに停止していたことや、カオスという言葉から、このような印象を持たれている方が多いのかもしれません。

そもそもカオスエンジニアリングのカオスとは何でしょうか。カオスは日本語では「混乱・混沌」のように訳されますが、カオスエンジニアリングのカオスとは、カオス力学や複雑系の分野で使われるカオスの意味です。大規模な分散システムは複雑であるため、障害が発生したときにカオス的な振る舞いとなるため、このように呼ばれています。

これは、バタフライ効果として知られているような現象と似ています。大規模な分散システムでは、1つの障害が次々と他の障害を誘発し、最終的に大規模障害へと発展する可能性があります。

カオスエンジニアリングとは、カオス的な状況をシステムに加えるのではなく、カオス的な振る舞いをする複雑なシステムに対して、制御された障害をシステムに加えて振る舞いを観察するということです。つまり、1つのコンポーネント障害やネットワークの不具合が、どのようにシステム全体に伝搬していき、最終的にサービス利用者に対してどのような影響となって現れてくるかを観察します。

　カオスエンジニアリングの原則やこれまでのところでも紹介したように、カオスエンジニアリングの本質的なところは、**システムを壊すことではなくシステムについて学習することです**。障害をランダムに発生させるとしても、サービス提供への影響を最小限にしつつ、インシデント対応による事後学習ではなく、未知の挙動をプロアクティブに発見・学習することが重要です。そのためにも、綿密な実験計画を立ててコントロールできる状態にて実施します。プロアクティブに計画した障害を起こし、システムが耐えられるか観察し続けるという取り組みによりシステムの信頼性を検証していきます。そこでの気づきに対して改善を行っていくことで、信頼性を高める方法論として確立されてきました。

　カオスエンジニアリングはよく予防接種に喩えられます。予防接種の目的は、病原体となるウイルスや細菌の毒性を弱めたワクチンを注射し、あらかじめ抗体を獲得しておくことで、感染症に対する抵抗力（免疫）を高めて重症化するのを防ぐことです。カオスエンジニアリングも同様に、制御された障害（リソース障害、ネットワーク遅延など）をシステムに注入することで、事前にシステムに潜む潜在的な脆弱性を発見し改善することで、回復力（免疫力）を高め、大規模障害に発展するのを防ぎます。

●図2.4　予防接種とカオスエンジニアリング

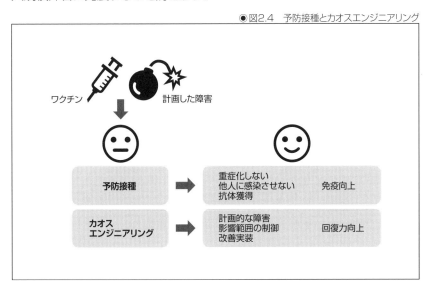

本章のまとめ

　本章では、カオスエンジニアリングの概要について解説しました。カオスエンジニアリングは従来型のシステム構成と比較して複雑性が高いシステムに対して、従来の方法では検出が困難であったシステムの弱点について、実験的なアプローチにより、ある障害状況下におけるシステムの挙動やコンポーネント間の相互作用を観察して、システムの技術的側面とソフト的側面（人的要因）についての洞察を導き出すことを可能とします。

　カオスエンジニアリングを実践することにより、アプリケーション・インフラ管理者は次のことが可能になります。

- システムが抱える脆弱性やまだ問題とはなっていないバグの特定
- 注入されたストレスにシステムがどのように反応するかをリアルタイムで確認
- 実際の本番障害に対する準備
- 自己修復可能なインフラストラクチャ環境の構築支援

　パブリッククラウドやクラウドネイティブな環境を活用していくためにも、これまでのテスト手法と組みわせて、カオスエンジニアリングの思想に基づいた実験を実施しシステムのレジリエンシーの向上を目指しましょう。カオスエンジニアリングを用いてシステムをプロアクティブに調査し、システムの可用性と回復力を高めることにより、運用上の負担も軽減します。日本の企業では、カオスエンジニアリングを取り入れている組織はまだ少ないと思いますが、今後は必須となってくる手法です。

🔹 参照先リスト

下記に本章の参照先をまとめておきます。

- PRINCIPLES OF CHAOS ENGINEERING

  `URL` https://principlesofchaos.org/

- 5 Lessons We've Learned Using AWS

  `URL` https://netflixtechblog.com/
  5-lessons-weve-learned-using-aws-1f2a28588e4c

- Chaos Engineering: the history, principles, and practice

  `URL` https://www.gremlin.com/community/tutorials/
  chaos-engineering-the-history-principles-and-practice/

2 カオスエンジニアリングの概要

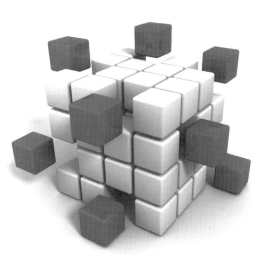

CHAPTER

03

カオスエンジニアリングの
実践

>>> **本章の概要**

　本章では、カオスエンジニアリングを実践する場合のステップ
について説明します。

実装に適したシステムについて

　カオスエンジニアリングは、プロアクティブにシステムについて学習・改善し、回復力を高める手法です。このアプローチは、システムの信頼性向上に非常に有益だとは思いますが、システム特性によっては期待する効果が得られないケースもあります。本節では、カオスエンジニアリングの実装に適したシステムについて説明します。

　カオスエンジニアリングは、未知の事象を発見するためのアプローチであるため、既知の事象や想定可能な事象について確認する手法ではありません。予測不可能な事象が発生しやすい（＝カオス的な振る舞いをする）、複雑な分散システムに対して実施する方がより効果的です。

　具体的には、コンテナやマイクロサービスのようなコンポーネント数が多く、それらの連携が非常に多岐にわたるようなシステムへの実装が効果的といえます。どのような障害が起こるかわからないようなシステムや、障害発生箇所は把握できていたとしても影響が未知数であるようなシステムについては、積極的にカオスエンジニアリングを取り入れてシステムに対するレジリエンスを高めていくべきでしょう。

　カオスエンジニアリングの特性から、導入対象となるシステムでは、次の機能が実装されていることが非常に重要となってきます。

- 回復性：レジリエンスを高める基本的な機能が実装されていること
- 可観測性：定常時・逸脱時のシステムの振る舞いに対して、観測できていること
- 自動化：継続的に実施するための自動化ができていること

● 回復性の実装

カオスエンジニアリングによる実験を開始する前提として、基本的な回復力を高める機能の実装が必要です。あるイベントがシステムの定常状態を破壊し、サービス提供が不可となるような懸念についてすでに認識・理解している場合は、まずは自動回復機能を実装します。そして、当該インシデントが発生しても影響がないことを、もしくは想定外の事象が発生しないかを実験します。

基本的な回復機能の実装がない場合、障害を発生させても影響が大きくなるだけなので、まずは基本的な回復力を高めるアーキテクチャーとすることが必須となります。分散システムの回復力を高める手段として、次のような機能が実装されていることが必要です。

- 可用性・回復力を高める実装例
  - オートスケール・オートヒーリング
  - DNSフェールーオーバー
  - ロードバランサー
  - バックアップ
  - DBレプリケーション
  - リトライロジック
  - 選択可能なロールアウト手法(カナリア、A/B、ブルー・グリーン)

● 可観測性の実装

次に重要となるのが、システムの状態を判断するために使用できる監視システムです。正常時・異常時のシステムの動作を観察できる仕組みが実装できていない場合、いくら実験してもシステムの振る舞いを正確に把握することはできません。実験を通じて新たな知見を得るためには、異常時のシステムの振る舞いを観察して原因調査することができる機能が必須です。

したがって、システムが**可観測性(オブザーバビリティ)**を備えていることも前提の1つとなります。可観測性については、本章の最後で詳しく説明します。

🧊 自動化の実装

　カオスエンジニアリングは継続的に実施することで効果が高まります。した
がって、システムの安全面および担当者のワークロードが担保されていること
も重要となります。変化し続けていくシステムの品質を維持するためにも継
続的な実験は必要です。1回の実験を大規模に実施するのではなく、小さな
範囲の実験を多く行うことでサービス提供への影響を最小化できます。多く
の実験を手動で実施する場合、作業負荷による実施頻度の低下や担当者によ
る作業品質のばらつきが発生し、品質が高い実験を継続的に実施することは
困難となります。作業者のスキルレベルが低い場合、計画外の影響が発生す
るリスクが高まります。継続的な実験を安全に・低負荷で実践するためにも、
自動化の実装計画が必須です。

　自動化については、CHAPTER 06の「CI/CDとカオスエンジニアリング」
で詳しく説明します。

カオスエンジニアリング実践の流れ

カオスエンジニアリングの原則では、次の5つの原理が定義されています。実際にカオスエンジニアリングを導入するにあたり、次のカオスエンジニアリングの原理に従って、実践のための各ステップの概要を説明していきます。

- 影響範囲を局所化する(Minimize Blast Radius)
- 定常状態における振る舞いの仮説を立てる(Build a Hypothesis around Steady State Behavior)
- 実世界の事象は多様である(Vary Real-world Events)
- 本番環境で検証を実行する(Run Experiments in Production)
- 継続的に実行する検証の自動化(Automate Experiments to Run Continuously)

- 引用元:カオスエンジニアリングの原則
  - URL https://principlesofchaos.org/

◉図3.1 カオスエンジニアリングの原則と実践のステップ

影響範囲を局所化する	・ステップ1:実験対象システムを定義し、影響範囲を制御する
定常状態における振る舞いの仮説を立てる	・ステップ2:定常状態を定義する ・ステップ3:仮説を立てる
実世界の事象は多様である	・ステップ4:変数(障害事象)を定義する
本番環境で検証を実行する	・ステップ5:実験環境の決定 ・ステップ6:障害の注入 ・ステップ7:結果の検証
継続的に実行する検証の自動化	・ステップ8:自動化の推進

🫧 影響範囲を局所化する

利用ユーザーへの影響が最小限となるように計画します。

◆ ステップ1：実験対象システムを定義し、影響範囲を制御する

カオスエンジニアリングによる実験を初めて実施するときは、カオスエンジニアリングに対するスキル不足や、システムに対する理解不足により、多くのリスクが伴います。注入した障害に対してシステムがどのように応答するかがわからないだけでなく、追跡する必要のあるすべてのメトリクスを把握できているかは本当はわかりません。さらに、緊急事態だと認識した際に、緊急停止ボタンを押して実験を停止したとしても、定常状態に戻るかは保証されていません。未知の事象を実験対象としているため、知らない何かに備えるのは難しいです。

まずは、ステージング環境などの安全な場所で小さな**爆風半径（Blast Radius）**となる実験から始めて、その環境に弱点が見つからないと確信できるまで継続実験します。ステージング環境での実験により、メンバーの経験と知識が十分に身に付いてきたら、次に、本番環境で実験を行います。カオスエンジニアリングによる実験により、本番システムを壊してしまうのは本末転倒です。

カオス実験は、サービス提供への影響範囲を最小化することが不可欠であり、理想的には一度の実験に対して1つの小さな障害を発生させることが重要です。カオス実験では、正常性を示すメトリクスを慎重に測定し、低リスクであることを確認してください。少数のユーザーのみ含める、トランザクションフローを制限する、デバイス数を制限するなどの対策をとり、サービスを構成するシステムを定常グループと実験グループにわけ、実験グループだけに障害を注入するなど工夫します。

そして、緊急事態になった際に、より早く通常の定常状態に戻すための緊急停止ボタンまたは実験を停止する方法を用意しましょう。アプリケーションやデータベースが変更されてしまうような実験や簡単にロールバックできない実験についてはより注意が必要です。爆風半径を最小化し、ある範囲に影響を閉じ込めている限り、注入した障害によるシステムの振る舞いは、顧客に大きな損害を与えることなく有益な洞察につながる可能性があり、より回復力のあるシステムとするのに役立ちます。

次からのステップで定義するカオス実験シナリオでは、影響範囲を局所化し、最初は影響も少ないシナリオを作成することを心がけてください。

🧊 定常状態における振る舞いの仮説を立てる

システムの通常時の振る舞いを定義します。

◆ ステップ2：定常状態を定義する

定常状態からの逸脱（異常状態）および定常状態への回帰を検出・学習するためには、最初に定常状態（ベースライン）を定義する必要があります。システムが定常通り動作をしていることを示す具体的な指標を定義します。意図的に障害事象を注入した後、定義した定常状態を維持することができているか、または一時的に逸脱したとしても定常状態に自動で回復できているかを確認し、実験がシステムの通常動作を妨げていないことを確認する必要があります。

定常状態を定義する際は、ビジネスおよびサービス利用者にとって重要な**主要業績評価指標（Key Performance Indicator：KPI）**および関連するメトリクスと技術的なメトリクスの両方を定義します。パブリッククラウドやコンテナ技術を活用した分散システムでは、CPUやメモリ使用率のような単純なメトリクスや個々のコンポーネントの稼働・停止などではなく、健全なサービス提供レベルを計測できる指標を定義します。このメトリクスは、各サービスに定義されている**サービスレベル指標（Service Level Indicator：SLI）**や**サービスレベル目標（Service Level Objective：SLO）**を参考とするのがよいでしょう。

ビジネスKPIとしては、1分あたりのログイン数やオーダー数、失敗したログイン数などが考えられます。Netflixの場合、1秒あたりに開始されるビデオ再生数などを主要な指標としていたようです。実験がこのようなサービス利用者に関連する指標に影響を及ぼし始めたら、実験の停止を判断する兆候です。

システムメトリクスとして推奨されるのが、**4つのゴールデンシグナル**として知られている次のメトリクスです。

- システム全体のスループット(サービスに対する要求の量)
- エラー率(サービスが失敗する割合)
- レイテンシパーセンタイル(サービスがリクエストの処理にかかる時間)
- 飽和度(サービスのリソースが、どれぐらいフルに使用されているかを示す尺度)

その他にも**REDメソッド**、**USEメソッド**で知られるメトリクスの組み合わせがあります。

- REDメソッド
  - Rate(秒あたりのリクエスト数)
  - Errors(リクエストの失敗数)
  - Duration(クエストの処理にかかる時間)
- USEメソッド
  - Utilization(リソースが処理中でbusyだった時間の平均)
  - Saturation(サービスのリソースが、どれぐらいフルに使用されているかを示す尺度)
  - Errors(リクエストの失敗数)

◆ ステップ3：仮説を立てる

次に、仮説を立てます。仮説を立てる際に必要となるのが、過去のインシデントとシステム全体のアーキテクチャ図です。過去のインシデントとシステム全体のアーキテクチャ図から、システムの定常状態から逸脱するような障害事象を決定し、当該事象が発生してもサービス提供に影響がないであろうという**仮説バックログ**を作成します。

過去のインシデント履歴から、障害原因となることが多い一般的なパターンを抽出します。そして、その障害事象を注入することによって、システムの理解が深まり、当該インシデントを防止することができるか自問します。答えが「はい」の場合、それらのパターンより仮説バックログを作成していきます。障害事象を注入しても定常状態が耐えられるという仮説を立てます。

たとえば、「システムに対してイベント(X,Y,Z)を注入している間も、SLOを満たす範囲でサービスは継続して提供可能である」のように仮説を立てます。具体的には、「あるサービスAにおいてノード障害が発生した場合も、許容可能な時間内にフェールオーバーし、サービス提供に影響を与えない」などです。そして、許容可能な時間やサービス提供に影響を与えないかを評価するためのメトリクスも定義します。ここでは、SLIやSLOとして定義されている値となることが多いかと思います。

仮説を立てる過程で考慮不足や問題を発見することもあります。その場合は、実験を行う前に問題点を改善します。既知の脆弱性を抱えた不安定なシステムに対してカオス実験を実行しても、すでにシステムの信頼性が低いことがわかっているため、あまり価値がありません。実験はシステムの未知の弱点を明らかにすることであり、既知の弱点を証明することではありません。実験前に判明した弱点については、最初に対処しておき、その後回復力があることを証明するために実際の実験に移ります。

● 実世界の事象は多様である

システムが使用不可となる事象やパフォーマンスが低下する可能性があるシナリオを定義します。

◆ ステップ4:変数(障害事象)を定義する

次に変数(上記X,Y,Z)を定義します。カオスエンジニアリングにおける変数とは、「定常状態を破壊することができる事象」のことを指し、実際に発生するインシデント事象を反映したものとなります。変数は、ある機能が停止するような障害だけではなく、急なトラフィックの増減やそれに伴うコンポーネントのスケーリングなど、直接的には障害とはならないような事象についても考慮します。過負荷状態として設定する値も、現実に起こり得る範囲で定義します。仮説バックログから、サービス提供への影響度や発生頻度をもとに、実験対象とする仮説の優先度を決定します。

変数の種類としては次のようなシステムトリガーやユーザー操作起因の事象が考えられます。

- サーバー・ソフトウェア障害によるコンポーネント停止
- ネットワークの遅延・変更による障害
- 過度の負荷やリソース不足
- スレッド化や並列実行による競合
- データセンター障害
- データストアの容量不足
- ユーザーなどによる過度のリトライ実行
- リクエストエラー

また、サンマイクロシステムズのコンピュータ科学者L.Peter Deutschが提唱した「**eight fallacies of distributed computing（分散コンピューティングの8つの誤り）**」も参考にするとよいでしょう。これは、分散システムでアプリケーションを開発する際に、アーキテクトや設計者が想定してしまいがちな誤った前提として紹介されています。これらの条件が成り立つことを前提として、分散システムが設計・実装されている場合、将来的に大障害を引き起こすリスクとなります。信頼性の高い分散システムにするためには、これらの条件が成り立たないことを前提に設計・実装する必要があります。この8つの誤った前提について、きちんと考慮された実装となっているか確認するための変数を定義することで、効果的に設計考慮漏れによる弱点を発見できるのではないでしょうか。

- ネットワークは信頼できる
- レイテンシはゼロである
- 帯域幅は無限である
- ネットワークはセキュアである
- ネットワーク構成は変化せず一定である
- 管理者は1人である
- トランスポートコストはゼロである
- ネットワークは均質である

🔹 本番環境で検証を実行する

実際に障害を起こし、システムの振る舞いを観察し、仮説を検証します。

◆ ステップ5：実験環境の決定

カオス実験をステージング環境で実験している場合は、その環境への信頼性を構築していることになります。ステージング環境と本番環境に差異がある限り、本番環境への信頼性向上は大きく期待できません。このため、最先端のカオスエンジニアリングは本番環境で実施します。しかし、計画的な障害であっても本番環境に対して影響を与えることが許されないシステムも多くあります。また、カオス実験のスキルがない状態で、いきなり本番環境で実施して環境を破壊しては、カオスエンジニアリングの信用を失ってしまいます。

ステップ1でも説明した通り、まずは、ステージング環境で実験を開始することを推奨します。ステージング環境での実験でカオスエンジニアリングの実践スキルやシステムの回復力に自信を付けていきます。そして、ステージング環境と本番環境差異を小さくしていき、徐々に本番環境への適用に移行していきます。

カオスエンジニアリングというと本番環境で障害を発生させるということで、そもそも導入に関する検討すらしない組織があります。この原理のトピックも「本番環境で検証を実行する」ですが、まだ大半の企業が、本番環境ではなく、ステージング環境で実施しているようです。まずは、ステージング環境で実験を開始してスキルと経験を付けるところから開始しても、十分にトップパフォーマーとなることが可能です。

新しい取り組みは小さなことから始めて、チーム・組織内で徐々に自信をつけていくことが、文化的な変化が必要な取り組みを成功させるためには重要となります。

Infrastructure as Code(IaC)でのインフラ管理や、クラウドネイティブな環境(Kubernetes環境下でのコンテナ技術など)を活用することで、本番環境とステージング環境の差異を極力なくすことが簡単にできるようになってきました。ステージング環境でのカオスエンジニアリング実施効果を高めるためにも、クラウドネイティブ技術の活用やコードベースでの環境構築・管理を推進することが重要となってきます。

◆ ステップ6：障害の注入

　実験の際には、システム挙動の差分を比較するため、サービスを構成するコンポーネント群を**定常グループ**と**実験グループ**に分けて、実験グループに対してのみ障害を注入します。回復性の高いシステムは、自己修復をしながら、平衡状態または定常状態に回復するように振る舞います。システムが期待された定常状態に戻らない場合はすぐに検出できるようにします。致命的な問題が発生したときにすぐに実験を停止できるような仕組みが必要となるので、そのための自動フォールバック機能や可観測性などを確保します。このような機能を実装し、カオス実験のシステム影響を最小化することに努めます。

　ただし、バックアッププランでさえ失敗する場合があることは考慮しておきましょう。また、実験によって望ましくない結果が生じることがわかっている場合は、その実験を実行しないでください。

◆ ステップ7：結果の検証

　実験結果に対して、定常グループと実験グループの状態を比較することにより、仮説を検証します。メトリクスが許容範囲内にある場合、仮説を証明することができます。そうでない場合は、代わりに仮説の反証を試みます。仮説が反証される挙動が発見された場合、その弱点に対して、本当の障害が発生する前に対応できるようにシステムの改善を検討します。

　改善後にはステップ5に戻り、再度、同じ実験を行います。改善後の回復力が実証されるまで、ステップ5から7を繰り返します。ここで、ステップ5も繰り返しの範囲としているのは、十分な自信とスキルが獲得できたら、本番環境での実験についても試みます。実際に利用ユーザーにサービスを提供しているのは本番環境であるため、最終的には本番環境でも仮説が証明できることを検証します。

　ここでの評価対象としては、システムの挙動だけではなく、可観測性およびチームの障害対応能力も評価対象に含めます。システムの信頼性を向上させるためには、システム自体の回復性だけでなく、素早く検知し分析可能となるツールの整備やそのツールを活用するスキルも必須となります。可観測性およびチームの障害対応能力にも弱点がある場合は、改善項目に追加します。

継続的に実行する検証の自動化

カオス実験を自動化して継続的に実行します。

◆ ステップ8：自動化の推進

ステップ1でも説明しましたが、サービス影響を最小化するためにも、1回の実験で注入する障害事象を小さくし、何度も繰り返し行うことで高い回復力を得ることを目指します。繰り返し実験を行う場合、手作業による実験の実行には多くの人手が必要となり、結局は長続きしません。なんとか継続することができたとしても、手動で繰り返し実行する場合、かなりのワークロードが必要となり、カオスエンジニアリングに対する費用対効果も低くなってしまいます。

また、品質の高い実験を繰り返し実施するためにも、自動化することで人的ミスを極力排除することが重要です。

カオスエンジニアリングを実装しようとする環境は、システムの仕様が変化していく場合が多いため、継続的に実験を行い、振る舞いの変化を確認し続けることが、システムのレジリエンスを向上させるためにも重要となります。このとき、障害事象の注入だけでなく、オーケストレーションと分析についても自動化の対象に含めます。

SECTION-11

継続的改善の重要性

　カオスエンジニアリングは、1回実践して終了ではなく、継続的に実施することで、日々変化していく環境の信頼性向上が実現できます。パブリッククラウド事業者が提供するサービスや、CI/CDによりアプリケーションを高頻度・短期間でリリースし続けるようなサービスでは、システム環境も日々変化していき、時間の経過とともにUnknownな事象も増えていきます。そのためにも、継続的にカオスエンジニアリングによる実験を行うことがシステム信頼性の維持において重要となり、自動化やCHAPTER 06で説明するCI/CDパイプラインなどのシステムを前提条件として設計・構築しておくことが重要です。

●図3.2　継続的改善のサイクル

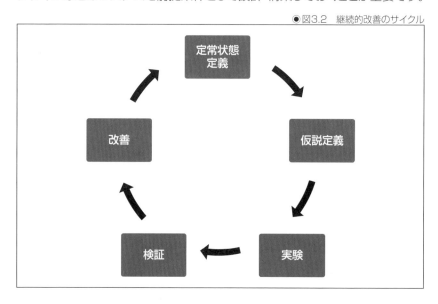

　Netflixのテクノロジーブログの「**5 Lessons We've Learned Using AWS**」の記事の中で、AWSのようなパブリッククラウドを利用するにあたり、次の教訓を得たと書いています。

> The best way to avoid failure is to fail constantly.（筆者訳：障害を回避する最善の方法は、常に障害を起こし続けることである。）
> (https://netflixtechblog.com/5-lessons-weve-learned-using-aws-1f2a28588e4cより)

　このように、管理された障害を日常的に引き起こし障害対応・改善対応し続けることで、障害発生頻度を抑制するとともに実際の本番障害が起きても問題なく対処できるようになります。実際に、Gremlin社が調査した「**STATE OF CHAOS ENGINEERING 2021**」のレポートによると、カオスエンジニアリングを実施した効果として、**平均修復時間（Mean Time To Repair：MTTR）**や**平均検出時間（Mean Time To Detect：MTTD）**の短縮を実現しています。そして、カオスエンジニアリングによる実験を頻繁に実行するチームは、99.9%を超える可用性を持つ可能性が高くなっていることが報告されています。カオスエンジニアリングの実施と可用性の向上については相関関係があるように評価できます（CHAPTER 07でより詳しく解説します）。

● STATE OF CHAOS ENGINEERING 2021

　URL　https://www.gremlin.com/
　　　　　　　　　　state-of-chaos-engineering/2021/

可観測性の重要性

　予測不可能なインシデントに対して、迅速に事象を把握し原因調査できることは、カオスエンジニアリングにとって非常に重要な一要素です。ここでは、カオスエンジニアリングにとっても重要となる可観測性について説明します。

🔹 カオスエンジニアリングと

　カオスエンジニアリングでは、最初に仮説を立て、その仮説について検証するための実験を行います。仮説を検証できない場合、その検証実験はあまり役に立ちません。たとえば、「システム内の1つのデータベースが使用不可となった場合でも、エンドユーザーは妥当なパフォーマンスで利用できる（リクエストの90％は100ミリ秒未満で処理完了する）」という仮説を検証するには、システムへのすべてのリクエスト、応答時間、および成功率を計測する必要があります。単純なダッシュボードでもこれらの質問のいくつかに答えるのには役立つかもしれませんが、可観測性は、データをさらに掘り下げて、「実験中に応答時間が増加した理由」などの未知の挙動に対して回答することを可能にするものです。

　カオス実験を成功させるためには、障害が注入された際にシステムが定常状態からどのように逸脱するかを観察し、振る舞いを理解する必要があります。定常状態からの逸脱を検出することでができてはじめて、これまで認識されていないシステムの挙動を検知することができます。この時点で、システムを担当するチームは、システムの振る舞いを観察し、この逸脱の要因について分析を行います。そのとき、可観測性がないシステムの場合、定常状態からの逸脱を検出できない可能性があります。もしくは、逸脱だけなら従来型のモニタリングでも検出できるかもしれませんが、原因の追求などができず、改善策を検討することができません。

　システムの定常状態を理解して、カオス実験中のシステムの振る舞いを観察し、正常な動作からの逸脱した場合、その原因を説明する能力がなければ、カオス実験を有意義に実行することはできません。システムに可観測性がなければ、カオスエンジニアリングの実施は不可能といえるでしょう。

一方で、カオスエンジニアリングを実施したことにより、それまで気が付かなったシステムの可観測性改善の必要性がクローズアップされる場合もあります。カオス実験によるシステムの挙動に対して十分に問題分析できない場合、システムの可観測性について改善を行います。カオスエンジニアリングは、サービス自体の改善だけでなく、その他の運用機能全般の改善にも効果的です。可観測性の質がカオスエンジニアリングの価値を向上し、カオスエンジニアリングの質が可観測性の価値を向上します。このようにカオスエンジニアリングと可観測性は密接に関連しています。

🔲 モニタリングとの違いについて

可観測性は、人によって捉え方が異なる場合がありますが、よく混同されるのがモニタリングです。システムの健全性を知ることを目的としたモニタリングは従来のシステムでも行われています。

モニタリングとは、システムやコンポーネントの健全性を観察し確認し続けることであり、システムの運用担当者の行為のことです。モニタリングは、予測可能な性質のものに対して事前に決めておいた項目を測定し、システムの全体的な状態を報告し、問題が発生した際にアラートを生成するのに最適化されて設計・実装されています。ユーザーに深刻な影響を与えたり人間ができるだけ早く介入し、改善する必要がある事象を監視して通知するのが目的です。

モニタリングは、既知の事象を検出するのに最適な事後対応型のアプローチです。レガシーシステムの単純さとデータ収集対象が限られていた時代では、メトリクスとダッシュボードを専門知識と組み合わせて使用して、インシデントの原因を特定するモニタリングベースのアプローチは理にかなっています。

クラウドネイティブな環境では、コンテナ化されたマイクロサービスは、コンポーネント数やコンポーネント間の相互通信が増加し、CI/CDによる継続的なシステム変更が発生することによる複雑性が増しています。このように複雑な分散システムにおいては、非常に多くの予測不可能な障害が発生する可能性が高くなっています。従来のモニタリングのように、システムの動作をチェックして、すべてが期待通りに機能していることを確認することは困難です。システムで何が起こっているのかを理解し、トラブルシューティングのための関連情報を取得することを可能とする可観測性が重要となります。

◆ 可観測性（オブザーバビリティ）とは

　可観測性は、障害の有無に関係なくシステム全体の振る舞いを理解することが目的となります。想定外の事象が発生した際には、なぜそれが起きたのかを把握するために必要となる情報が得られるかが重要となります。可観測性では、インシデントが発生した場合に、問題を検出するだけでなく、発生事象や原因の特定および改善のアクションにつなげることなどの洞察までサポートできるデータを取得・生成し容易に提供できるようにします。データ収集することが目的ではなく、データを活用して、迅速かつ容易に事象を正確に把握できるかがポイントです。

　可観測性はモニタリングの代わりになるものではなく補完し合うものです。複雑性が高い分散システムでは、可観測性を実装し、いつでもシステム全体の振る舞いを把握できるようにしつつ、適切にモニタリングも行います。

　可観測性を備えたシステムでは、主に**ログ**、**メトリクス**、**トレース**といった3種類のデータを取得・活用できるようにします。しかし、可観測性は、ログ、メトリック、およびトレースだけではありません。ログ、メトリクス、トレースは、それぞれ利用目的・用途が異なり補完し合うものです。ログはインシデントの根本原因の特定、メトリクスは検出、トレースは発生個所の特定に役立ちます。

●図3.3　オブザーバビリティの要素

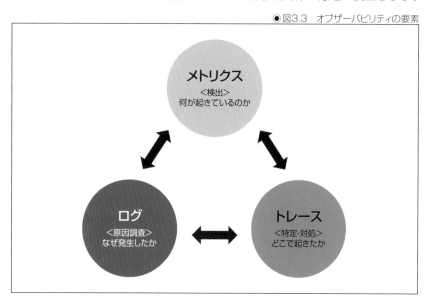

　以降で、ログ、メトリクス、トレースの特徴について説明します。

◆ ロギングとは

ロギング（イベントログ） は、時間の経過とともに発生したイベントのタイムスタンプ付きレコードです。ログには、プレーンテキスト、構造化、バイナリの3種類の形式があります。ロギングのメリットは、簡単に生成できることと、ほとんどの言語、アプリケーションフレームワーク、およびライブラリでは、ロギングがサポートされています。また、特定の事象やイベントを容易に把握することができるので、インシデント発生時には、最初にログを確認します。

ロギングのデメリットは、ロギングのオーバーヘッドが原因でアプリケーション全体がパフォーマンスの影響を受けやすくなる点や、ログの出力レベルやトラフィック・インシデントにより、大量のログが出力されストレージ容量を逼迫させてしまう点です。

◆ メトリクスとは

メトリクス は、一定間隔で時系列に収集されたデータの数値表現です。メトリクスは、形式が構造化されているため、保管と照会が容易であり、サンプリング、集計、相関などの統計的な処理に柔軟に対応でき、数学的モデリングと予測の力を利用して、トレンドなどのシステムの動作に関する知識を引き出すことができます。

メトリクスベースのモニタリングの最大の利点は、ログとは異なり、アプリケーションへのトラフィックが増加しても、ディスクの使用率、処理の複雑さ、可視化の速度などが大幅に増加することはありません。経過期間が長くなった場合は、数値データを日次や週次の単位に集約できるため、長期の保管にも適しています。

メトリクスの注意は、単体だけみても単なる事実でしかないため、システムの状態を知ることは難しいです。複数のメトリクスを時系列データとして組み合わせて利用する必要があります。ロギングとメトリクスに共通する特徴としては、2つともコンポーネントごとの情報であるということです。特定のシステム内で発生している事象は理解できても、システム横断的な事象を把握するのは比較的困難となります。

◆トレースとは

トレースは、分散システム全体にわたるリクエストのエンド・ツー・エンドの処理フローをキャプチャーします。リクエストが開始されると、グローバルに一意のIDが割り当てられ、実行された各処理とそれを実行したメタデータとともに記録されます。トレースで最も重要なのは、ロギングやメトリクスと異なり、リクエストのライフサイクル全体を理解することです。複数のサービスにまたがるリクエストをデバッグして、遅延またはリソース使用率の増加の原因を特定できるようにします。

トレースの課題としては、トレース情報を伝達するためにリクエストフローのすべてのコンポーネントに変更が必要となる可能性があり、トレースを既存のインフラストラクチャに実装するための負荷が非常に高かった点です。

しかし、最近ではサービスメッシュなどの増加により、トレースを実現するためのプロダクトがリリースされていますので、各システムにあったプロダクトの採用を検討してください。

3

カオスエンジニアリングの実践

本章のまとめ

　本章では、カオスエンジニアリングの実践におけるステップについて解説しました。カオスエンジニアリングを実践することはシステムを破壊することではなく、システムの回復性を高めることです。そのためにも、綿密な計画のもと、注入した障害事象に対して、システムに与える影響を最小化しつつ、そこから得られる未知の振る舞いを最大化できるかがポイントとなります。カオスエンジニアリングの原則に従い、8つのステップで実践していくことで、カオスエンジニアリングが目指すシステムの信頼性向上を実現することができます。

　カオスエンジニアリングは、まだ比較的新しいアプローチであるため、今後もツールや実践手法についてはアップデートがあると思いますが、カオスエンジニアリングを実践する際には、参考にしていただけると幸いです。

🔷 参照先リスト

　下記に本章の参照先をまとめておきます。

- PRINCIPLES OF CHAOS ENGINEERING

  `URL` https://principlesofchaos.org/

- 5 Lessons We've Learned Using AWS

  `URL` https://netflixtechblog.com/
  5-lessons-weve-learned-using-aws-1f2a28588e4c

- Chaos Engineering: the history, principles, and practice

  `URL` https://www.gremlin.com/community/tutorials/
  chaos-engineering-the-history-principles-and-practice/

- STATE OF CHAOS ENGINEERING 2021

  `URL` https://www.gremlin.com/
  state-of-chaos-engineering/2021/

CHAPTER
04

カオスエンジニアリング
ツール

>>> **本章の概要**

　実装のステップの重要性を理解していることを前提に、この章ではカオスエンジニアリングの実践を助けるツールを紹介したいと思います。

　ツールの優劣を比較するのではなく、各ツールの特徴を知った上でご自身の環境に合ったものを選択いただける助けになれば幸いです。

SECTION-14
カオスエンジニアリングツールの紹介

Cloud Native Computing Foundation(CNCF)が公開しているランドスケープにカオスエンジニアリングのツールが紹介されています。それを参考にツールを紹介していきます。

- CNCF Cloud Native Interactive Landscape

    URL https://landscape.cncf.io/card-mode?category=
    chaos-engineering&grouping=category

2022年1月時点では次のツールがリストアップされています。
- Chaos Mesh
- Chaos Toolkit
- ChaosBlade
- chaoskube
- Gremlin
- Litmus
- PowerfulSeal
- steadybit

カオスエンジニアリングツールに関してはSaaSのようにインターネット上からサービスを提供する**Managed Serviceタイプ**と、自身の環境にデプロイする**Hosted Serviceタイプ**の2種に分類されます。

適用するシステム環境の制約などにより、これらタイプの使い分けを行いましょう。

これらのツールに加えて、いくつか注目されているツールをピックアップしました。

🔷 Managed Service

Managed Serviceの特徴としては、自身の環境にデプロイする必要がないためリソースを考慮しなくともよい点が挙げられます。また、そのツールに対する運用も不要であり、カオス実験に集中することができることも魅力の1つです。

代表的なツールは次の通りです。

◆ Gremlin

Gremlinは、元NetflixやAmazonのエンジニアによって開発されたサービスです。基本的には有料のサービスで、直感的なWebインターフェースやコマンドラインインターフェースを提供しているため、高度なスキルを要せずカオス実験をすることができます。攻撃対象にWindowsを含んでおり、エンタープライズの企業にとっても取り入れやすいツールになっています。

- Gremlin: Proactively improve reliability
  URL https://www.gremlin.com/

◆ AWS Fault Injection Simulator

AWS Fault Injection Simulatorは、Amazon Web Service（AWS）社から提供されているサービスです。EC2やECSなどのAWSリソースを攻撃対象としており、AWSコンソールからカオス実験をすることができるため、AWSユーザーにとっては使いやすいプラットフォームとなっています。

- AWS Fault Injection Simulatorとは
  URL https://docs.aws.amazon.com/ja_jp/fis/latest/
  userguide/what-is.html

◆ Azure Chaos Studio

Azure Chaos Studioは、2021年11月にMicrosoft社から発表された、比較的新しいサービスです。Azureリソースがカオス実験の対象となっており、Azure Portalで管理することができます。当然、Windowsも対象になっているため、現在、Azureを利用中のユーザーにとってはいち早く機能を検証することができます。

- Azure Chaos Studio - カオス エンジニアリング実験 | Microsoft Azure
  URL https://azure.microsoft.com/ja-jp/services/chaos-studio/

🎲 Hosted Service

多くの企業では本番システムをインターネットと接続することに抵抗があるかもしれません。また、Managed Serviceでは満たせないような細かなカスタマイズが要求される場合は特にHosted Serviceが有効です。

これらのツールを環境にインストールし、使い始めることができます。

◆ Chaos Mesh

Chaos Meshは、2022年1月現在、CNCFのサンドボックスプロジェクトに認定されているOSSです。

プラットフォームとしてはkubernetesを対象にしており、カスタムリソースとして容易に導入が可能です。また、カオスエンジニアリングの管理が可能なダッシュボードが提供されているのが特徴です。

AWSやGCPの認証情報をクラスターに登録すると、これらクラウドサービスの障害をシミュレートすることができます。

- A Powerful Chaos Engineering Platform for Kubernetes | Chaos Mesh
  - `URL` https://chaos-mesh.org/

◆ Chaos Toolkit

Chaos Toolkitは、カオス実験をYAML/JSONで表現し、管理できるOSSです。

OpenAPIとしてカオスエンジニアリングを定義していくため、対象プラットフォームの幅が非常に広いことが特徴です。

実験内容をコードで記載する必要がありますが、拡張に自由度があり、また、自動化への応用が期待できます。

- Chaos Toolkit
  - `URL` https://chaostoolkit.org/

◆ ChaosBlade

ChaosBladeは、Alibaba社が10年近く障害テストを行ってきた中で開発されたOSSです。

`blade` コマンドを用いてカオスエンジニアリングを実施していきます。ワンライナーで実験を開始することも可能なので、他のツールに比べて非常にシンプルな使い方になります。

Githubの公式ドキュメントは中国語で記載されたものが多いのですが、コマンドでのhelpは英語で記載されているため使用に困ることは少ないと思います。

- ChaosBlade · Help companies solve the high availability problems in the process of migrating to cloud-native systems through chaos engineering | ChaosBlade
  URL https://chaosblade.io/

◆ chaoskube

chaoskubeは、kubernetesクラスター内のランダムなPodを定期的に強制終了してくれるOSSです。

Helmを用いてkubernetesクラスターへ非常に簡単に導入することができます。

デフォルトではすべてのNamespaceのすべてのPodを対象にランダムに落としていく設定になっていますが、ターゲットをフィルタリングしたり落とす時間帯を設定できますので安心してください。そういう意味ではより実践的なツールといえるでしょう。

- linki/chaoskube
  URL https://github.com/linki/chaoskube

◆ Litmus

Litmusは、2022年1月、CNCFのサンドボックスプロジェクトからインキュベーションプロジェクトに昇格されたOSSです。

Chaos Meshと同様にプラットフォームはkubernetesで、ダッシュボードが用意されています。このダッシュボード上でWorkflowと呼ばれるカオス実験のシナリオを定義し、アセットとして保管することができます。

さらにChaos Hubというカオス実験のカタログを提供しており、すでに構成済みのシナリオを用いて実験を開始することができます。

- LitmusChaos - Open Source Chaos Engineering Platform
  URL https://litmuschaos.io/

4
カオスエンジニアリングツール

◆ PowerfulSeal(Kraken)

PowerfulSealは、Bloombarg社の開発したOSSです。

kubernetes以外にも、OpenStack、AWS、Azure、GCPが対象のプラットフォームとなっています。

カオス実験をポリシーファイルとしてyamlで定義し、そのポリシーファイルを指定して実行するような使い方になっています。

- ● powerfulseal/powerfulseal
  URL https://github.com/powerfulseal/powerfulseal

また、Red Hat社がこのPowerfulSealと、kubernetes/OpenshiftクラスターのヘルスチェックツールであるCerberusを組み合わせたKrakenというツールを発表しました。

Kraken内部の動きとしては、PowerfulSealが障害を注入し、Cerberusがクラスターの死活監視および通知を行う形となり、システムの回復力を検証できるようになっていることが特徴です。

- ● cloud-bulldozer/kraken
  URL https://github.com/cloud-bulldozer/kraken

◆ steadybit

steadybitは、steadybit社から提供されているサービスです。

ユーザーはSaaSで利用するか、自身のオンプレ環境にホストするか選択可能な点がユニークで、制約に合わせて利用形態を選ぶことができます。

ダッシュボードが提供されており、視覚的にカオス実験を設計することが可能です。

また、steadybitを利用する際にはデモをリクエストする必要がありますが、そこで自身の環境に即した利用形態や使い方を質問することが可能です。

- ● steadybit — Identify the weak spots that matter.
  URL https://www.steadybit.com/

📦 利用形態でのツール比較

ここまで紹介したツールを改めて利用形態の観点でまとめてみます。

有料版（商用製品、クラウド提供サービス）もしくは無料版（OSS）を採用するかの判断をする必要がありますが、それぞれメリット・デメリットが存在します。下記の表を参考に、ご自身の環境に沿ったツールを選択してください。

● 表4.1　利用形態でのツール比較

利用形態	メリット	デメリット	ツール
商用製品	商用製品を用いることで開発の工数なくカオスエンジニアリングの実践が可能。また、カスタマーサポートが得られるため、ツールの問題についてはサポートを利用することでカオス実験やアプリの開発などに注力することができる	Managed Serviceを利用する以上、インターネットを経由したトラフィックが発生する。また、サービスを利用するユーザーやロールの管理などを行う必要がある	Gremlin steadybit
クラウド提供製品	上記の商用製品のメリットに加え、クラウドベンダーが提供する製品に関してはベンダーが実証済の製品となるため、ある程度の品質が保証されたものになっている	クラウドベンダーにロックインされてしまうため、マルチクラウド環境では利用できる機能が制限される可能性がある。また、将来的なサービスロードマップが予測できず、サービス終了などに注意する必要がある	AWS FIS Azure Chaos
OSS	OSSをベースに独自に開発していくことにより、導入する環境や実験対象のアプリケーションに合わせたツールのカスタマイズや、既存の監視や通知サービスとの連携が可能。また、完全に社内ネットワークに閉じた形で構成することも可能なため、セキュリティやインバウンドトラフィック量を気にする必要がない	基本的にサポートがないため、エンジニアを育成し運用でカバーする必要がある。作り込みが容易である反面、独自の環境にのみ利用可能なツールとなってしまいがち。汎用性を持たせるためにはシステムとは疎結合に開発を進める必要がある	Chaos Mesh Chaos Toolkit ChaosBlade chaoskube Litmus PowerfulSeal

Gremlinの導入

　本書では、実際にGremlinを用いてSaaS型で提供されるカオスエンジニアリングとはどのようなものか、またどのような攻撃手法（シナリオ）があるのかを紹介していきます。

　ここではGremlinのFreeプランを用いて内容を説明していきます。

　Gremlinには利用用途によって3種類の料金プランから選択することができますが、その中にFreeプランが用意されています。個人的な検証として利用する場合は、このFreeプランで十分、カオスエンジニアリングについて理解することができます。

　また、攻撃対象としてIBM Cloudから提供されているOpenShift Container PlatformのManaged Serviceである「Red Hat OpenShift on IBM Cloud」を選択しました。OpenShiftのバージョンは4.8.21を利用しています。

　Gremlinを実際に使っていくために、次の3ステップに分けて説明していきます。

1 ログインと登録

2 クラスターの登録

3 Gremlinのダッシュボード

🔹 ログインと登録

　FreeプランでGremlinへサインアップするには下記のリンクから行います。氏名、メールアドレスを入力して登録します。

　　URL https://www.gremlin.com/gremlin-free-software/?ref=pricing

　サインアップすると、Gremlin上ではアカウントはTeamに所属します。このTeamに攻撃対象のクラスターや実験レポートなどが登録されます。

　はじめにTeamの設定を済ませるとGremlin Certificateがダウンロードできるようになります。これはクラスターの登録に使用するので、ローカルに保管しておきましょう。

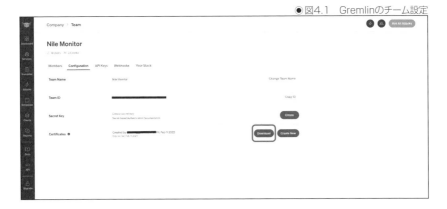

🗑 クラスターの登録

　Gremlinはクライアントをクラスターに導入し、Managed Serviceであるクラスターの登録

　GremlinはクライアントをクラスターにManaged Serviceであ
るGremlin APIと疎通させることによって動作します。

　Kubernetes/OpenShiftクラスターにおいては、図4.2のようにGremlin
はKubernetesリソースであるDaemonSetによって各NodeにGremlin
Podがそれぞれ配置され、インターネットを経由してhttps通信でGremlin
APIと疎通します。

● 図4.2　Gremlinの構成

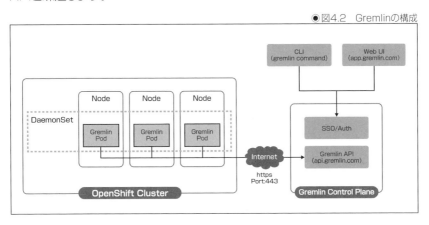

　クラスターをGremlinに登録するためには次の流れで行います。なお、本書
で紹介する手順は2022年1月時点のものです。最新の手順については下記
URLの公式ドキュメントを参照ください。

　URL https://www.gremlin.com/docs/infrastructure-layer/
installation/

◆ Gremlin Certificateのダウンロード

先ほどダウンロードしたGremlin Certificateを解凍し、ファイルをリネームします。

◆ Namespaceの作成

Gremlin用のNamespaceをクラスターに作成します。

◆ 証明書を用いたSecretの作成

Gremlin Certificateを用いてSecretを作成します。

◆ gremlin Daemonsetやchao Daemonsetなど各種リソースの作成

用意されたyamlを適宜ご自身の環境に合わせて書き換えて適用します。

◆ クライアント用Secretの作成

gremlin clientやgremlin chao用のsecretを作成します。

● Gremlinのダッシュボード

インストールが完了したらGremlinのダッシュボードを見てみましょう。ダッシュボードへのリンクは下記のURLとなります。

URL https://app.gremlin.com/dashboard

問題なくクラスターが登録されるとサービスディスカバリによって自動的にクラスターの情報が読み込まれます。

ダッシュボード内の「Services」にはクラスターの各種サービスが、「Targets」にはNodeのIPアドレスが示されています。これらを攻撃対象としてカオスエンジニアリングを実践することができます。

●図4.3　Gremlinのダッシュボード

SECTION-16

攻撃手法の紹介と実際の攻撃例

　登録されたクラスターに対して単発的に起こす攻撃と、シナリオに基づく攻撃の2種類の攻撃手法が用意されています。攻撃対象および攻撃例について紹介していきます。

攻撃対象

　ダッシュボードメニューから「Attacks」を選択し、「New Attack」を選択すると、Serviceに対する攻撃かInfrastructureに対する攻撃か選択することができます。

　Serviceはその名の通りクラスター内のNamespaceに存在するすべてのServiceリソースを対象とすることができます。

●図4.4　Serviceの選択

　InfrastructureはさらにHosts、Containers、Kubernetesと3種類のインフラリソースから攻撃対象を選択することになります。

●図4.5　Infrastructureの選択

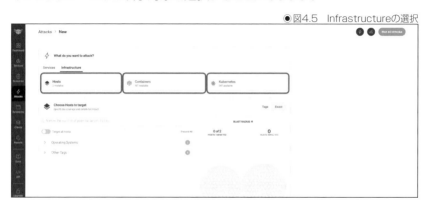

　この中でKubernetesは次のインフラリソースを選択することができるため、Serviceに比べてピンポイントで集中的にカオス実験することが可能となっています。

- Deployments
- DaemonSets
- StatefulSets
- Pods

● 図4.6　kubernetesリソースの選択

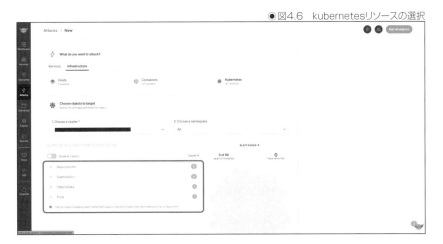

🔷 単発の攻撃

　攻撃対象に対して1回のみ攻撃し、システムの挙動を見るために用います。攻撃の中でどのような処理がなされるかなどシナリオを作る前の検証段階としての利用がメインかと思われます。

　Gremlinでは攻撃のことを「Gremlin」と呼んでおり、攻撃タイプの選択はダッシュボード上では「Choose a Gremlin」と表記されます。

　このGremlinのタイプは3種類あり、それぞれ「Resource」「State」「Network」から選択して対象の回復力をテストしていきます。

◆ Resource

　Resourceでは、シンプルに、攻撃対象のリソースに対して負荷をかけていきます。割り当てられたリソースが不足するとサービスはどのような挙動を示すのでしょうか。可用性の仕組みがないと処理がハングすることが想定されます。

●表4.2　攻撃対象とその内容

Gremlin	攻撃内容
CPU	CPUコアに対して高負荷をかけていく。使用率を%単位でコントロールできる
Disk	特定のディレクトリに対して膨大な量のファイル書き込みを行う。ディスク使用率を%単位でコントロールし、同時書き込み数や書き込み速度を操作することで処理性能をテストすることもできる
IO	特定のディレクトリに対して大量のIO(読み取り、書き込み、またはその両方)を生成する。同時IO生成数やIO速度を操作することができる
Memory	特定の量のメモリを消費する。ギガバイト/メガバイトの他に%単位でコントロールルできる

◆ State

　Stateは、予期せずシステムの状態(=State)が変更されてしまった場合の実験です。プロセスが落ちたら、あるいは電源が突然落ちてしまったら、サービスは正しく稼働し続けるのでしょうか。

●表4.3　攻撃対象とその内容

Gremlin	攻撃内容
Process Killer	特定のプロセスを強制終了する。KILL以外にもHUPやTERMなどのシグナルを送信することができる
Shutdown	攻撃対象をシャットダウンもしくは再起動するためのシステムコールを発行する。Podやコンテナが攻撃対象の場合はSIGKILLを発行する
Time Travel	攻撃対象OSのシステム時間を変更する。攻撃対象としてHostsを選択している場合にテスト可能。NTPとの通信をドロップさせて、システム時間を修正させないことも可能

◆ Network

　Networkは、ネットワーク障害を想定においた実験です。トラフィックが損失したり遅延したりした場合の影響を確認できます。

　これらのテストはすべて、Linuxの場合はkernelのトラフィックポリシング機能を用いて通信をドロップするため、既存のiptablesに影響を及ぼしません。

●表4.4　攻撃対象とその内容

Gremlin	攻撃内容
Blackhole	指定したすべてのネットワークトラフィックをドロップする。IPアドレスや入出力Portを指定する
DNS	DNSサーバーへのアクセスを遮断する。Port 53を経由するすべての通信をドロップするため、このPortに対するBlackhole攻撃と同様になる
Latency	指定した接続先に対するトラフィックに遅延を引き起こす。ミリ秒単位で遅延をコントロールできる
Packet Loss	指定した接続先に対するトラフィックにパケットロスを引き起こす。ドロップ率を%単位でコントロールできる

　もちろんこれらの攻撃は実行後に緊急停止することが可能です。実験として実行した攻撃が予期せぬ影響に及んでしまった場合、「Halt」ボタンを押すことでいつでもGremlinを檻に入れることができます。

🔷 シナリオによる攻撃

単発の攻撃で紹介した攻撃手法を組み合わせて一連の障害シナリオを作成することができます。シナリオを設定することでより実際の障害に近い動きをシミュレートすることができるだけでなく、一連の攻撃を自動化させることで繰り返し実験をするために役立ちます。

シナリオには、シナリオ名とその説明や仮説を記載し、複数の攻撃やステータスチェックを設定することができます。

●図4.7　シナリオの作成画面

ここではCHAPTER 03で触れたステップに沿ってシナリオを構築してみましょう。今回はテスト用のPodに対してGremlinを使ったカオスエンジニアリングを実践します。

攻撃対象として、OpenShift上の「osamuk」プロジェクトに、「nginx-osamk」というDeploymentをデプロイし、nginxのサンプルアプリケーションを稼働させます。

また、**Horizontal Pod Autoscaler(HPA)** という、リソース使用率に応じて自動的にPodの数を増減させる機能を用いて、DeploymentのCPU使用率が50%を超えると、自動的に最大3つまでPodをスケールさせるよう設定しています。

●図4.8　サンプルアプリケーション

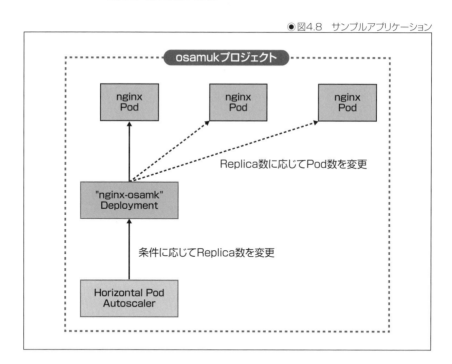

作成したHPAのYAMLは次の通りです。

```
apiVersion: autoscaling/v2beta2
kind: HorizontalPodAutoscaler
metadata:
  name: nginx-hpa
  namespace: osamuk
spec:
  scaleTargetRef:
    apiVersion: apps/v1
    kind: Deployment
    name: nginx-osamk
  minReplicas: 1
  maxReplicas: 3
  metrics:
    - type: Resource
      resource:
        name: cpu
        target:
          averageUtilization: 50
          type: Utilization
```

◆ 影響範囲を制御する

　始めからすべてのシステム/コンポーネントを対象にしてカオスエンジニアリングを実践することはできません。障害による影響範囲が予測できず、本当の顧客影響を出しかねないためです。今回使用するOpenShiftクラスターも検証環境のものを選択しています。

◆ 定常状態を定義する

　カオスエンジニアリングを実装する上で、**可観測性（オブザーバビリティ）**の実装も必要となります。その必要性についての詳細はCHAPTER 03でも触れたとおりですが、複雑化したシステムに障害が発生した場合、すべてのレイヤー/すべてのコンポーネントを人の手で洗い出し原因を調査することはまず不可能だからです。

　図4.7のシナリオの作成画面にも表示されているステータスチェックは、シナリオ実行の前・中・後にシステムの状態をチェックするために各種ツールと連携させる仕組みです。

　FreeプランではDatadog、New Relic、PagerDutyのいずれかと連携させてシナリオ中のシステムステータスを通知させることが可能です。

　攻撃の前にステータスチェックを入れ込み、サービスが正常な状態かを検証したり、あるいはシナリオの後にサービスが正常状態に戻っているか確認するために用いることができます。

◆ 仮説を立てる

　次に障害箇所や障害内容をシナリオとして組み、障害が発生したとしてもシステムが定常状態を維持できるという仮説を立てて行きます。

　ここでは例として次のようなテーマでシナリオを作成しました。

●表4.3　シナリオの例

シナリオ名	仮説
Auto Scaling Test	指定したPodに対してCPU負荷をかけ、OpenShiftクラスターに設定したHorizontal Pod Autoscalerが正しく稼働するかテストを行う。CPU使用率が50%を超えるとAutoScaleが実行され、最大3台のPodが同時稼働する。テスト後は負荷が下がり、1台のみの稼働に戻ると想定される

新しいシナリオを作成し、シナリオ名と仮説を記載します。

●図4.9　Auto Scaling Testシナリオの作成

　なお、こうして作成したシナリオは組織内あるいは会社内で共有することが可能です。過去に起きた障害をシナリオ化して展開することで、他システム構築時の応用が可能ですし、他チームのエンジニアが障害演習に使うことも可能です。

　また、1からシナリオを組み立てることが難しい場合は、**Recommended シナリオ**を使うことでシナリオ構成を簡素化することができます。Recommendedシナリオはリンク側で用意された事前構成済のシナリオで、すでに仮説や攻撃手法が組み込まれているため攻撃対象を追加するだけでテストが可能になっています。

　これらのシナリオを参考にカスタマイズすることもできるため、自身の環境や障害事例に近いシナリオ例をもとに構成してみるところから始めていくのもよいでしょう。

●図4.10　Recommendedシナリオ

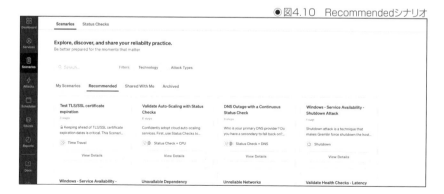

◆ 変数(障害事象)を定義する

　障害事象を攻撃タイプとして定義していきます。ここでは何らかの影響でPodのCPUリソースが90%に達し、5分間それが継続したという想定を置きます。

　Gremlin上で、攻撃タイプは「Resource」の「CPU」を選択し、使用率90%を300秒継続するよう設定します。

◉図4.11　攻撃タイプの選択

4

カオスエンジニアリングツール

◆ 実験環境の決定

　攻撃対象を選択します。「namespace」として「osamuk」を選択し、対象の「Deployments」で「nginx-osamk」を選択します。

●図4.12　攻撃対象の選択

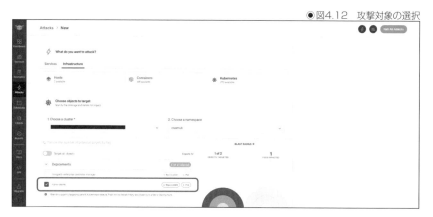

◆ 障害の注入

　シナリオが作成できたので攻撃を実行してみます。Runningとなれば攻撃を開始しており、「Halt Scenario」ボタンでいつでも実験を止めることが可能です。実行開始時間は21:23です。

●図4.13　シナリオの開始

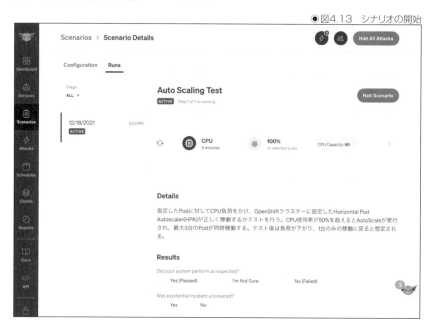

　図4.14はOpenShiftのコンソールで、「nginx-osamk」Deploymentのメトリクスを示しています。CPUの使用率が21:25ごろから急激に上がり始め、21:30ごろにピーク迎えていることがわかります。

● 図4.14　OpenShiftのメトリクス

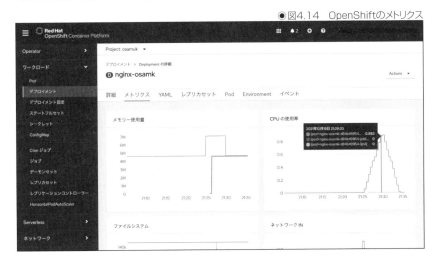

　また、CPUの使用率高騰を受けてPodが2つ新たに作成されました。HPAが正しく機能していることがわかります。

● 図4.15　サンプルアプリケーションのDeployment詳細画面

　300秒間の攻撃が終わると、図4.14で示した通りCPU使用率が徐々に下がっていきます。

　平常通りの使用率に戻るとHPAが「Scale down」を指示し、Podが1つのみとなりました。これもHPAの正しい動作となります。

● 図4.16　Deploymentのイベント

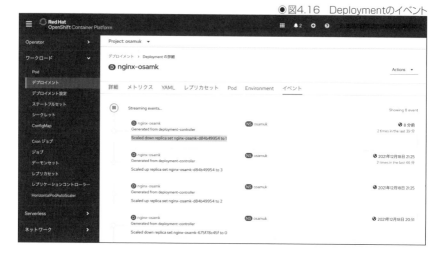

◆ 結果の検証

　シナリオが完了したら結果を記入しましょう。実験を行って問題がなければそれで終わり、というわけには行きません。

　たとえば今回の例ではHPAの動作自体は問題がありませんでしたが、スケールさせる最大Pod数が本当に3つでよかったのかなど、疑問が残る結果となりました。シナリオの時間も300秒で足りたのかなど、実験を継続的に改善するような考察を記入しましょう。

● 図4.17　シナリオの実行結果画面

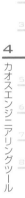

4

カオスエンジニアリングツール

　なお、カオス実験にて予期せぬ影響や障害が発見された場合は、障害報告に近い形で分析する必要があります。

　この障害結果の分析には**ポストモーテム**がよく用いられます。ポストモーテムとは障害内容や、障害からどんな知見が得られ、何を改善すべきかをまとめた文書です。このポストモーテムをアセットとして保管しておくことにより、社内やチーム内での事例共有として展開したり、同様の障害が起きた際のガイドにもなります。カオスエンジニアリングの観点では、このポストモーテムをもとにして過去起きた障害を模擬したシナリオを策定することができます。

　ポストモーテムには決まったフォーマットはありませんが、下記に一例として記載します。

●表4.4　ポストモーテムの例

ポストモーテムの記載項目	内容
Scenario No.	実験シナリオの管理番号
Author	誰がこのポストモーテムを記載したか
Overview	発生したインシデントの概要
Resolution	解決策は何か
Impact	どのような影響が生じたか
Timeline	シナリオ開始から障害復旧までの時系列
Root Causes	予期せず起きた障害の原因
What Went Well?	良い側面として、どのような教訓が得られたか
What Didn't Go So Well?	どうすればより良くなったか
Action Items/ToDo	対応すべき内容について ・予防(こうした障害の再発をポジティブに防ぐにはどうしたらいいか) ・検出(同様の障害を正確に検出するまでの時間を減らすにはどうすべきか) ・緩和(次回この種の障害が起きたときの深刻度や影響度を減らすにはどうしたらいいか)

◆ 自動化の推進

　今回はテスト用のPodを攻撃対象としてシナリオを実行しました。カオス実験は繰り返し行っていき、システムを継続的に改善していくことに意義があります。そのため、今回作成したシナリオをアセットとして再利用することはもちろんのこと、実験そのものを自動化していく必要があります。

　GremlinではGUIで作成したシナリオをAPIコマンドとして生成する機能が提供されているので、それを紹介します。ぜひ自動化のために活用してみてください。

　まず、図4.18のシナリオの実行結果画面にて「Gremlin API Examples」を選択します。

●図4.18　Gremlin API Examples

　そうするとCURLによる実行例が表示され、今実行したカオス実験の内容がワンライナーで生成されます。このコマンドを用いてスクリプト化するなどして障害事象の定義や攻撃対象の選定を自動化し、より効率的にカオス実験を実施していきましょう。

●図4.19　コマンド生成例

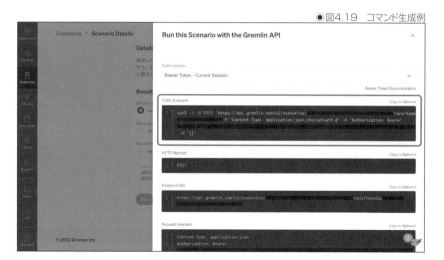

本章のまとめ

　本章ではカオスエンジニアリングのツールを紹介し、ステップに沿ってカオス実験をウォークスルーしました。

　カオスエンジニアリングを本番環境に適用するには一朝一夕では立ち行きません。地道に検証を続けて範囲を広げて行った先に本番環境への適用があり、またそれはゴールではなく継続的に実施していく必要があります。カオスエンジニアリングを効率的に実施していくためにも、本章で紹介したようなツールや既存のアセットを使うことをおすすめします。

　また、紹介したツール以外にも多くのカオスエンジニアリングツールが存在します。カオスエンジニアリングの本質はシステムの信頼性向上にあり、その目的を如何に迅速かつ簡単に実現できるかという観点でツールの選定を行ってください。

4

カオスエンジニアリングツール

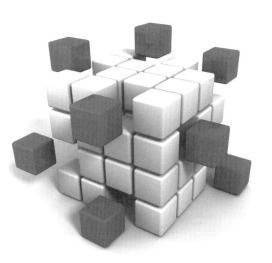

CHAPTER
05

CI/CDと
カオスエンジニアリング

>>> **本章の概要**

　クラウドネイティブが普及したことで、ある程度のリスクを受け入れつつアプリケーションを変更し、迅速にリリースする文化が普及しました。それを実現する1つの要素が、Continuous Integration/Continuous Delivery(CI/CD)です。アプリケーションのビルドからデプロイまでを自動化し、継続的な開発・リリースを行います。最近ではさまざまなデプロイ手法を活用したプログレッシブデリバリも採用されています。

　一方で、カオスエンジニアリングを継続的に実施しようとすると負担が大きくなるので、カオス実験を自動化することは有効です。自動化した実験をプログレッシブデリバリに適用することで、完全にリリースされる前に実験結果がわかるため、リリース品質を向上できます。

　本章では、カオスエンジニアリングをプログレッシブデリバリに適用する必要性について紹介するとともに、Gremlinを使ってカオス実験をプログレッシブデリバリに適用する方法を紹介します。なお、本章の後半で解説するプログレッシブデリバリとカオス実験の実践では、KubernetesやIstioの基礎知識が必要になります。

CI/CDとは

CI/CDとは、ビルドからリリースまでを自動化し、継続的にアプリケーションの改修を行う手法です。

●図5.1　CI/CDのフロー図

アプリケーションの変更をトリガーに、自動でビルド・テスト・デプロイを行い、アプリケーション開発サイクルを素早く繰り返します。Gitなどのソースコード管理ツールがソースコードの変更を検知すると、ビルドツールに知らせてCI/CDパイプラインを実行します。CIは、JenkinsやTektonといったツールがソースコードから実行可能なファイルを自動で生成し、Seleniumなどのツールでテストを自動的に行います。CDは、ArgoCDやIstioなどを組み合わせてサービス停止時間が少ないリリースを自動で行います。

CI/CDによってアプリケーションの品質向上を継続的に実施し、ユーザー満足度の向上につなげることができます。

昨今、ウォーターフォール型で開発したアプリケーションの成功が難しくなっています。顧客のニーズは絶えず変化しており、一度開発したアプリケーションが長い間ニーズを満たすことが難しいからです。このような背景もあり、アジャイル型で開発することが増えています。最初は小さく始めて、リリース後も機能追加や改修を行います。それに伴い、頻繁にアプリを開発してリリースできる手法が必要になり、CI/CDが採用され始めています。

プログレッシブデリバリとは

CI/CDは、市場の変化に対応するためにより早く開発・リリースを繰り返すための施策です。しかし、頻繁な変更はシステムの欠陥を生み出しやすいため、開発スピードを得る代わりに、信頼性が落ちることはある程度、許容してきました。

そうした中、昨今ではContinuos Deliveryに次ぐ**プログレッシブデリバリ**という言葉が出てきています。Continuous Deliveryとの大きな違いは、図5.2が示すように、**デプロイ後のメトリクスに基づいて、次の状態に進める（プログレス）かロールバックするか判断するところです。**

プログレッシブデリバリの流れについて説明します。最初に新バージョンのアプリケーションを全体の一部（サブセット）としてデプロイします。現行バージョンと並行して新バージョンが稼働している状態で、新バージョンのメトリクスを収集し分析します。メトリクスに問題がなければ、システム全体に対する新バージョンの割合を増やし、100%になった時点でリリースとなります。

● 図5.2　プログレッシブデリバリのフロー図

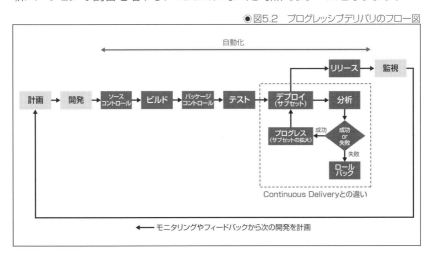

プログレッシブデリバリにおける
デプロイ手法

プログレッシブデリバリでよく利用されるデプロイ手法について説明します。

ブルーグリーンデプロイメント

ブルーグリーンデプロイメントは、現行バージョンと新バージョンのアプリケーションを同時に実行し、現行バージョンへのトラフィックを新バージョンに切り替える手法です。この手法は、切り替え時にネットワークの瞬断が発生するだけなので、デプロイ時のサービスダウンタイムを削減することができます。また、仮にリリースに失敗してもトラフィックを旧バージョン宛に戻すだけなので、ロールバックも比較的簡単にできます。

● 図5.3　ブルーグリーンデプロイメントの概要図

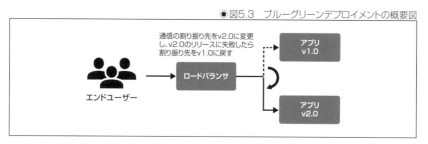

カナリアデプロイメント

ブルーグリーンが瞬時に新バージョンに切り替えるのに対し、**カナリアデプロイメント**は流量制御を行い、トラフィックを徐々に新バージョンに切り替える手法です。徐々にトラフィックを変えていくことで、新バージョンに不具合が発生しても、一部のユーザーに影響を局所化することができます。ロールバックも、旧バージョンへのトラフィックの割合を100%に設定するだけで実施できます。

● 図5.4　カナリアデプロイメントの概要図

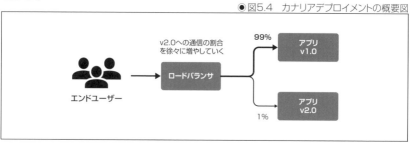

A/Bテスト

A/Bテストは、複数のパターンを同時にリリースし、エンドユーザからのアクセスをランダムに振り分ける手法です。Webシステムであれば、複数の画面構造を用意しておき、どちらがクリック率が高いかを比較したりします。

昨今ニーズが多様化しているため、どのようなシステムがエンドユーザーに受け入れられるかは判断が難しくなってきています。この手法は、複数のパターンを同時にリリースすることで、どのパターンが優れているか比較する実験のような手法です。

●図5.5　A/Bテストの概要図

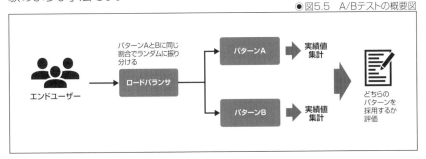

フィーチャートグル

フィーチャートグルとは、各機能にON/OFFが可能な「トグル」を紐付けておき、状況に応じてON/OFFを切り替えてアプリケーションの振る舞いを変更する手法です。中身のソースコードは変えずに、ON/OFFで新バージョンに機能を追加することができるため、比較的安全なバージョンアップを簡単に実施できます。

●図5.6　フィーチャートグルの概要図

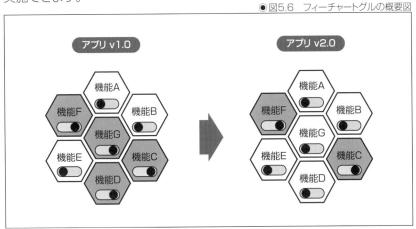

SECTION-21
プログレッシブデリバリの
コンポーネント

　プログレッシブデリバリは、図5.7に示すように大きく4つのコンポーネント
に分かれます。

●図5.7　プログレッシブデリバリのコンポーネント

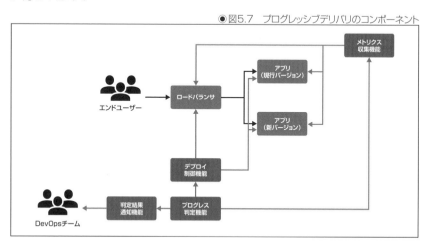

　デプロイ制御機能は、ブルーグリーンデプロイメントやカナリアデプロイメ
ントを行うためのコンポーネントです。Kubernetes、Istio、Argo Rollouts
など、新バージョンのアプリケーションを安全にデプロイできるツールが必要
です。

　メトリクス収集機能は、アプリケーションのメトリクスを収集できるコンポー
ネントです。PrometheusやDatadogなど、アプリケーションモニタリング
ツールが必要になります。

　プログレス判定機能は、メトリクス収集機能が収集したメトリクスを基にプ
ログレスかロールバックか判断し、デプロイ制御機能に命令を行うコンポーネ
ントです。ツールには、Weaveworks社が開発しているFlaggerというオー
プンソースソフトウェアなどが挙げられます。

　プログレス判定機能による判定結果が開発者にわかるようにするため、**判
定結果通知機能**というコンポーネントがあると便利です。最近ではプログレッ
シブデリバリの結果をSlackなどに通知することも増えてきています。

● 引用：Flagger
　URL　https://docs.flagger.app

プログレッシブデリバリと
カオスエンジニアリング

　バージョンアップしたアプリケーションに関連するシステムが、バージョンアップ前のカオス実験結果と変わっていないか確認したいことがあります。このような場合、リリースのたびにカオス実験を行う必要がありますが、手動では作業負担が大きく、リリース速度も極端に遅くなってしまいます。したがって、自動化したカオス実験をパイプラインに組み込むことは、頻繁なリリースが求められるシステムに有効です。

　しかし、アプリケーションが本番環境で完全にリリースされた後にカオス実験を行うと、エンドユーザへの影響が大きく、リリース品質を極端に落としかねません。そこで、**プログレッシブデリバリにカオス実験を組み込むことによって、カオス実験の影響を局所化し、より信頼性の高いアプリケーションリリースが実現できます**。CPUやメモリなどのリソース高騰時の状態や、DNSなどの関連機器障害時での状態など、さまざまな条件下におけるアプリケーションの振る舞いを、アプリケーションが完全にリリースされる前に確認できるからです。

　プログレッシブデリバリのパイプラインの中で、カオス実験はデプロイ後に行います。全体の一部としてデプロイしたアプリケーションに対してカオス実験を行うことで、カオス実験による影響を局所化することができます。

◉図5.8　プログレッシブデリバリとカオスエンジニアリングのフロー図

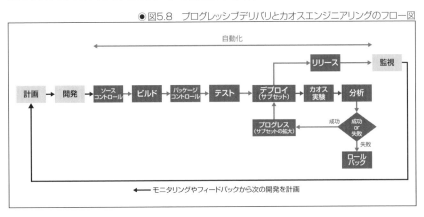

　プログレッシブデリバリのコンポーネントに加えて、カオス実験を実行する**カオス実験実行機能**のコンポーネントが追加で必要になります。

● 図5.9　プログレッシブデリバリとカオスエンジニアリングのコンポーネント

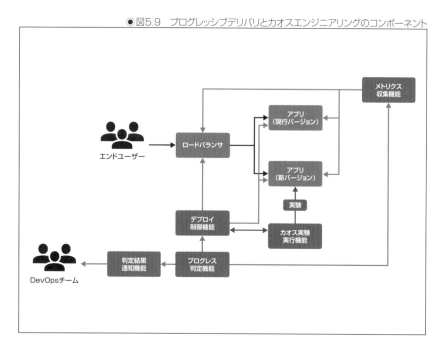

カナリアデプロイメントとの相性

　カオスエンジニアリングはカナリアデプロイメントと相性が良いとされています。カナリアデプロイメントと組み合わせることで、仮に意図しない挙動になっても少ない影響で済みます。図5.10で示すように、新しいバージョンのアプリケーションへの通信を全体の何割かにすることで、被害を抑えることができます。

● 図5.10　カナリアデプロイメントとカオス実験の概要図

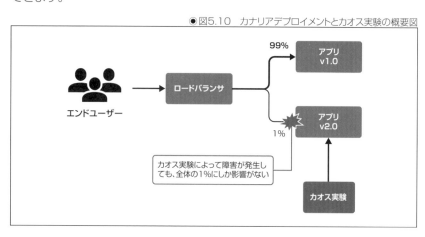

🎲 カオスエンジニアリングを適用するメリット

プログレッシブデリバリにカオスエンジニアリングを適用するメリットについて説明します。

◆ リリース後の障害影響を削減

リリース後に不具合が発生した場合、旧バージョンにロールバックすることになります。従来ではリストアで対応することも多くありましたが、コンテナやクラウドが普及したことで、旧バージョンを再デプロイしてトラフィックを戻すことが増えてきています。これによってロールバックの負担も少なくなってきましたが、それでも本番リリース後に不具合が発生すると、エンドユーザーへの影響が大きく、その対応に追われてしまいます。

プログレッシブデリバリにカオス実験を組み込むと、サービスが完全に置き換わる前に不具合に気付くことができます。**完全にリリースする前にあらゆる条件下で障害を引き起こそうとするので、リリース後に不具合が発生する確率を少なくすることが期待できます。また、あらかじめシステムの挙動を理解していれば、不具合発生時に適切かつ効率的に対処することができます。**

このように、カオス実験はリリース後のロールバック回数を減らすことが期待できるので、ロールバックにかかる工数を削減し、ロールバックによるリリース速度の低下を抑えることが期待できます。

◆ カオス実験の工数削減

プログレッシブデリバリにカオスエンジニアリングを適用するには、パイプラインに組み込むカオス実験を自動化する必要があります。カオス実験を自動化することで、手動実行の負担やオペミスをなくすことができます。リリースのたびに毎回、手動でカオス実験をしていた場合は、**大きな工数削減や人手を介さないことによる信頼性の向上につながります。**

◈ カオスエンジニアリングを適用するデメリット

プログレッシブデリバリにカオスエンジニアリングを適用するメリットがある反面、デメリットもあります。

◆ パイプラインの複雑化

カオスエンジニアリングをプログレッシブデリバリに適用するために、カオス実験のスクリプトやカオス実験を実行するためのコンポーネントをパイプラインに追加する必要があります。これらを実現するには、**パイプラインに新しい接続先やタスクを追加しなければなりません。**

このように、プログレッシブデリバリにカオス実験を組み込むことで処理や構成が複雑化します。複雑化するほどパイプラインの管理が煩雑になり、パイプラインの障害発生時に原因特定が遅れてしまい、結果的にリリース速度を遅くしてしまう可能性もあります。

◆ パイプライン処理の遅延

ビルドからリリースまでの間にカオス実験が加わることで、リリースまでの時間が長くなります。たとえば、リソース不足時のアプリケーションの挙動を確認しようとしたら、数分かかることもあります。これらが積み重なっていくと、**本来のリリース速度よりも大幅に遅くなる可能性があります。**

SECTION-23
プログレッシブデリバリにおける
カオスエンジニアリングの実装

FlaggerとGremlinを組み合わせて、カオスエンジニアリングの要素を加えたプログレッシブデリバリを実現する例を紹介します。

全体構成

本章で紹介する例は、プログレッシブデリバリパイプラインの中で、デプロイから分析部分を実装します。デプロイよりも前については割愛し、初回のデプロイは手動で実施します。手動の部分はArgoCDなどを活用し、Git上のマニフェストファイルと連携することで自動化できるので、ぜひ、試してみてください。

●図5.11 本章で実装するパイプラインのフェーズ

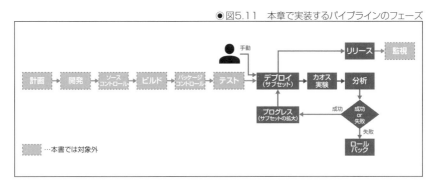

本実践例で使用する各ツールとその役割を表5.1に示します。

●表5.1 本実践例で使用する各ツールとその役割

ツール	使用するフェーズ	役割
Gremlin	カオス実験	カオス実験の作成・設定を行う
Gremlin Agent	カオス実験	Gremlinの情報をもとに、カオス実験を実行する
Istio	デプロイ、プログレス、ロールバック、リリース	Podへの通信を制御するコンポーネント。Flaggerと連携し、カナリアデプロイメントにおける流量制御を行う
Prometheus	分析	分析に必要なPodのメトリクス情報を収集する
Flagger	デプロイ、プログレス、ロールバック、リリース、分析	Prometheusと連携してメトリクスからプログレスもしくはロールバックの判断を行い、Istioと連携してデプロイ、プログレス、ロールバック、リリースの制御を行う

5

C
I
／
C
D
と
カ
オ
ス
エ
ン
ジ
ニ
ア
リ
ン
グ

93

　各ツールは図5.12のように連携して構成されます。プログレッシブデリバリ中、アプリケーションPodは現行バージョン（プライマリ）と新バージョン（カナリアデプロイメント用）が並行して稼働し、Istioでエンドユーザからのhttp通信の流量制御を行います。Prometheusは両バージョンのメトリクスを取得しますが、Gremlinは新バージョンに対してのみカオス実験を実行します。

◉ 図5.12　本章で実装するツールの全体概要図

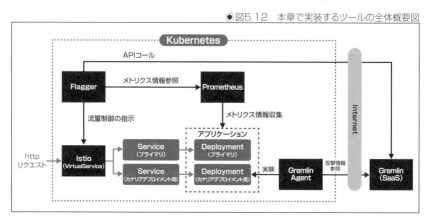

🔲 アプリケーションの構成

　今回はFlaggerのチュートリアルで紹介されているPodInfoを利用します。ポート9898でhttpアクセスすると、Podの情報を返すWebアプリケーションです。

　PodInfoは「podinfo-primary」と「podinfo」というDeploymentによってPodの状態が管理されています。podinfo-primaryはリリース済みのプライマリPodを管理するDeploymentで、podinfoはカナリアデプロイメントするセカンダリPodの管理用Deploymentです。podinfoのデプロイと分析が完了すると、podinfoの更新箇所がpodinfo-primaryに反映され、podinfo-primaryが最新の状態でサービスを公開します。

● 図5.13　PodInfoのアップデートフロー概要図

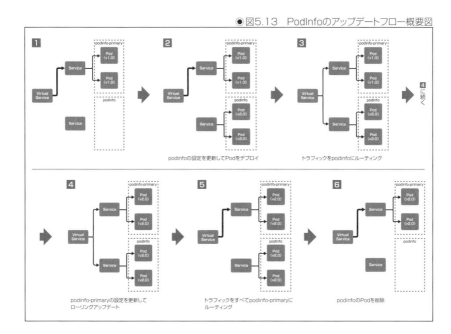

🔹 全体の流れ

　今回実装するプログレッシブデリバリの全体の流れは次の通りです。本書ではプログレッシブデリバリの全体像を把握いただくために、比較的わかりやすいネットワークレイテンシの増加を実験します。ネットワークレイテンシを増加することで、クライアントからサーバーにリクエストしてレスポンスを受け取るまでの時間を増加します。この攻撃自体は、一部のサービスへの通信が遅くなった場合のマイクロサービス全体に及ぼす影響や、リトライ処理が適切に動作しているかなどを確認することができます。今回は単に、レイテンシが閾値を上回った場合にロールバックを自動で実施することを確認します。

1. podinfoのコンテナイメージを更新する
2. podinfo-primaryと並行してpodinfoを稼働し、podinfoへのトラフィックを1分ごとに20%ずつ増加する
3. Gremlin Agentによって、podinfoへの通信のレイテンシを増加する
4. レイテンシのメトリクスを収集し、しきい値を上回ったらロールバックする
5. podinfoへのトラフィックが100%になったら、podinfoの設定をpodinfo-primaryに反映する
6. podinfo-primaryにトラフィックを戻し、podinfoのレプリカ数を0にする

事前準備

プログレッシブデリバリを実践する前に必要なコンポーネントを準備します。執筆時点でのバージョンは次の通りです。

●表5.2　コンポーネントのバージョン

コンポーネント	バージョン
Kubernetes	v1.22.4
Gremlin	NA
Gremlin Agent	v2.22.1
Flagger	v1.16.1
Istio	v1.12.0
Prometheus	v2.21.0

◆Kubernetesの準備

クラウドサービスやkubeadmツールなどを活用し、環境に合わせてKubernetesを準備します。

◆Gremlin Agentのデプロイ

Gremlinのクイックスタートを参照し、Gremlin Agentをデプロイします。Gremlin AgentのPodがデプロイされ、Gremlinのダッシュボードに対象Kubernetesクラスタの情報が表示されれば完了です。詳細については下記のURLを参照してください。

- How to Install and Use Gremlin with Kubernetes

　URL https://www.gremlin.com/community/tutorials/
　　　　how-to-install-and-use-gremlin-with-kubernetes

◆Flagger、Istio、Prometheusのデプロイ

Flaggerドキュメントの「Istio Canary Deployments」(下記URL)を参照し、Flagger、Istio、Prometheusをデプロイします。

- Istio Canary Deployments

　URL https://docs.flagger.app/tutorials/istio-progressive-delivery

正常に完了すると、「istio-system」Namespaceに、Istio、Prometheus、FlaggerのPodがデプロイされています。また、http負荷テスト用のflagger-loadtester、チュートリアル用アプリケーションであるpodinfo-primaryのPodが、istio-proxyコンテナを包含する形で「test」Namespaceにデプロイされています。

```
$ kubectl get pods -n istio-system
NAME                                     READY   STATUS    RESTARTS   AGE
istiod-b5d59fcbd-2xgll                   1/1     Running   0          4d17h
flagger-54c9fdb4bc-f2cgm                 1/1     Running   0          24d
prometheus-f5f544b59-7c8kj               2/2     Running   0          24d
istio-ingressgateway-57c665985b-pndl4    1/1     Running   0          24d


$ kubectl get pods -n test
NAME                                     READY   STATUS    RESTARTS   AGE
flagger-loadtester-57856ccd69-djmh8      2/2     Running   0          24d
podinfo-primary-649d974bd-ph4tq          2/2     Running   0          59m
podinfo-primary-649d974bd-s6tgh          2/2     Running   0          59m
```

📝 ステップ1：カオス実験用のAPIリクエストを作成する

　カオス実験をプログレッシブデリバリのパイプラインに組み込むためには、Gremlinによる攻撃を自動化する必要があります。GremlinはAPIを提供しており、APIを活用することで攻撃の実行などをコマンドやスクリプトで操作することができます。提供されているAPIについては、Gremlinのドキュメント（下記URL）を参照してください。

- ● API Reference > Classes, methods, & attributes | Gremlin Docs
  URL https://www.gremlin.com/docs/api-reference/overview/

　今回は `attacks` のAPIを利用し、podinfoへの通信のレイテンシを増加する攻撃を作成します。JSON形式のリクエストBodyを下記に示します。

　`targetDefinition` は攻撃の対象を定義する項目で、`k8sObjects` の中に対象リソースを定義します。本リクエストBodyでは、「test」Namespace内の「podinfo」Deploymentを対象としています。Deploymentを指定することで、Deploymentが管理するPodが攻撃対象となり、レプリカ数に対する `percentage` の割合が対象Pod数となります。podinfoはサービス用コンテナとistioのプロキシ用コンテナがPod内で同居しているので、`container Selection` で対象コンテナを選択します。本リクエストでは `ANY` を定義して、2つのコンテナの内、いずれかのコンテナに対してレイテンシを増加します。

　`impactDefinition` は攻撃を定義する項目であり、`cliArgs` で攻撃の内容を定義します。本リクエストでは、5分間、podinfoのレイテンシを100ms増加する引数を定義しています。 `-p` のオプションでは、DNSサーバーへの通信にもレイテンシが発生しないように、攻撃対象通信から53番ポートを除外しています。

```json
{
  "targetDefinition": {
    "strategy": {
      "k8sObjects": [
        {
          "clusterId": "クラスタ名",
          "uid": "実験対象のUID",
          "namespace": "test",
          "name": "podinfo",
          "kind": "DEPLOYMENT",
          "targetType": "Kubernetes"
        }
      ],
      "percentage": 100,
      "containerSelection": {
        "selectionType": "ANY"
      }
    }
  },
  "impactDefinition": {
    "cliArgs": [
      "latency",
      "-l",
      "300",
      "-m",
      "100",
      "-p",
      "^53"
    ]
  }
}
```

前ページのリクエストBodyを使用したAPIリクエストが下記になります。

```
$ curl -i -X POST 'https://api.gremlin.com/v1/kubernetes/attacks/new?teamId=チームID' \
    -H 'Content-Type: application/json;charset=utf-8' \
    -H 'Authorization: Key APIキー' \
    -d '{'targetDefinition':{'strategy':{'k8sObjects':[{'clusterId':'クラスタ名','uid':'
攻撃対象のUID','namespace':'test','name':'podinfo','kind':'DEPLOYMENT','targetType':'Kubern
etes'}],'percentage':100,'containerSelection':{'selectionType':'ANY'}}},'impactDefinition':
{'cliArgs':['latency','-l','300','-m','100','-p','^53']}}'
```

　APIリクエストを発行するためには、チームIDとAPIキーを取得する必要が
あります。 `Authorization` ヘッダーを `Key` から `Bearer` に変更することで、
APIキーの代わりにトークンを利用することも可能ですが、トークンは時間が
経つと利用できなくなってしまうため、継続的に実行するAPIコールには向い
ておりません。

　本来、APIキーなどの機密情報を平文にしておくことはセキュリティ上、よ
くありませんが、本章はプログレッシブデリバリとカオス実験の流れを理解す
ることが目的なので、平文としてAPIキーを記述しています。企業で扱う場合
は、Secretを利用してWebhook先にAPIキーを登録しておくなど、APIキー
の管理を行うことが望ましいです。

　チームIDを取得するには、Gremlinのダッシュボードを開き、次の手順を実
施する必要があります。

❶ 右上のユーザーアイコンをクリックし、「Team Settings」を選択します。

● 図5.14　TeamIDの取得①

❷「Configuration」タブを選択し、表示されている「Team ID」をコピーして保管します。

● 図5.15　TeamIDの取得②

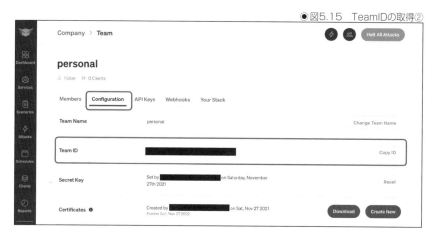

APIキーを取得するには、次の手順を実施し、アカウント設定からAPIキーを生成する必要があります。

❶ 右上のユーザーアイコンをクリックし、「Account Settings」を選択します。

● 図5.16　APIキーの取得①

❷「API Keys」タブを選択し、「New API Key」ボタンをクリックします。

● 図5.17　APIキーの取得②

❸「Name」にAPIキー名を入力し、「Save」ボタンをクリックします。

●図5.18　APIキーの取得③

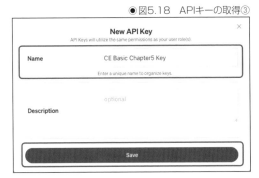

❹ 表示されたAPIキーをコピーして保管しておきます。

●図5.19　APIキーの取得④

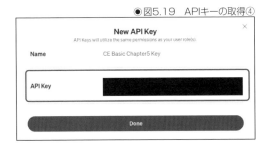

◈ ステップ2：Canaryリソースを作成する

　FlaggerにおけるカナリアデプロイメントのカスタムリソースであるCanary
を作成します。下記は、本プログレッシブデリバリにおけるCanaryリソースで
す。以降で spec 内の各ブロックについて解説します。

```
apiVersion: flagger.app/v1beta1
kind: Canary
metadata:
  name: podinfo
  namespace: test
spec:
  targetRef:
    apiVersion: apps/v1
    kind: Deployment
    name: podinfo
  progressDeadlineSeconds: 60
  service:
    port: 9898
```

```
        targetPort: 9898
        gateways:
        - istio-system/public-gateway
        hosts:
        - app.example.com
        trafficPolicy:
          tls:
            mode: DISABLE
    analysis:
        interval: 1m
        threshold: 2
        maxWeight: 100
        stepWeight: 20
        metrics:
        - name: latency
          templateRef:
            name: latency
          thresholdRange:
            max: 500
          interval: 1m
        webhooks:
          - name: load-test
            type: rollout
            url: http://flagger-loadtester.test/
            timeout: 30s
            metadata:
              cmd: "hey -z 1m -q 1 -c 1 http://podinfo-canary.test:9898/"
          - name: gremlin-test
            type: pre-rollout
            url: http://flagger-loadtester.test/
            timeout: 30s
            metadata:
              cmd: "ステップ1で作成したcurlコマンド"
```

◆ targetRef

　targetRef ブロックでは、カナリアデプロイメントにおいて新規にデプロイされるPodを管理するDeploymentを指定します。次の例では、名前が「podinfo」のDeploymentを指定しています。

```
targetRef:
  apiVersion: apps/v1
  kind: Deployment
  name: podinfo
```

◆ service

`service` では、IstioのVirtualServiceに必要な設定を定義をします。次の例では、`istio-system/public-gateway` Gatewayリソースに紐付くVirtual Serviceを定義しており、ホスト名が `app.example.com`、ポートが `9898` の通信をpodinfo-primaryとpodinfoに割り振ります。

今回紹介するフローの中では利用しませんが、エンドユーザーからのアクセスをpodinfo-primaryとpodinfoに指定された割合に基づいて割り振る機能を担います。

```
service:
  port: 9898
  targetPort: 9898
  gateways:
  - istio-system/public-gateway
  hosts:
  - app.example.com
  trafficPolicy:
    tls:
      mode: DISABLE
```

◆ analysis

`analysis` ブロックでは、トラフィックの流量制御やロールバック判断、デプロイに基づいたWebhookを送信するための設定を定義します。

次の例では、1分ごとに `analysis.metrics` で定義したメトリクスの分析を行い、プログレスを判断したらpodinfoへのトラフィックを全体の20%増やします。podinfoへのトラフィックの割合が100%に到達した時点で分析を終了し、podinfoをpodinfo-primaryに昇格させるためのフェーズに移ります。仮に `analysis.metrics` で指定したしきい値を超える場合になっても `threshold` で定義した2回はリトライします。

```
analysis:
  interval: 1m
  threshold: 2
  maxWeight: 100
  stepWeight: 20
```

　本設定では、一定の値でpodinfoへのトラフィックの割合を増やしますが、不定で増やしたい場合もあります。本章でも説明している通り、カナリアデプロイメントにおいてカオスエンジニアリングはなるべく被害が最小限の内に実行することが望ましいです。しかし、上記のように一定の値で通信量が増加すると、たとえば増加量を1%にした場合、リリースされるまでの時間が長くなってしまいます。そこで、`stepWeights` が利用できます。次のように定義すると、割合を1%→10%→50%→100%と柔軟に増加することが可能です。

```
analysis:
  stepWeights: [1, 10, 50, 100]
```

◆ analysis.metrics

　`analysis.metrics` ブロックは分析するためのメトリクスを配列形式で定義することが可能です。

　`name` には対象のメトリクス名を指定します。Flaggerでは `request-sccess-rate` や `request-duration` はビルトインで組み込まれていますが、自身で定義したメトリクスを使用したい場合は、あらかじめ `metrictemplates.flagger.app` のカスタムリソースを作成する必要があります。

　Istioが管理する通信のレイテンシを計算するカスタムメトリクスが下記になります。1エンドポイントに対して、クライアントがリクエストを飛ばしてレスポンスがあるまでの時間を取得します。

　`{{}}` で囲まれている変数は「podinfo」Canaryリソースで指定された値が入ります。`{{ target }}` はCanaryの `targetRef` で指定されたアプリケーション名が入るので、`destination_service_name` は `podinfo-canary` が対象となります。

　メトリクスの計算式における分子は、「podinfo-canary」Serviceに対する通信時間において、Canaryリソースの `interval` で指定された時間分の99パーセンタイルを計算しています。分母には通信されたpodinfo-canaryのエンドポイント数を計算しています。これらによって、1エンドポイントあたりのリクエストからレスポンスまでの時間を求めることができます。

```
apiVersion: flagger.app/v1beta1
kind: MetricTemplate
metadata:
  name: latency
  namespace: test
spec:
  provider:
    address: http://prometheus.istio-system:9090
    type: prometheus
  query: |
    histogram_quantile(0.99,
      sum(
        irate(
          istio_request_duration_milliseconds_bucket{
            destination_service_name="{{ target }}-canary",
            destination_service_namespace="{{ namespace }}"
          }[{{ interval }}]
        )
      )by(le)
    )
    /
    count(
      sum(
        istio_request_duration_milliseconds_bucket{
          destination_service_name="{{ target }}-canary",
          destination_service_namespace="{{ namespace }}",
          app="{{ target }}"
        }
      )by(kubernetes_pod_name)
    )
```

　カスタムメトリクスを利用して、ロールバックの基準をCanaryリソースに定義します。 `templateRef` に作成したMetricTemplate名を指定し、`thresholdRange` で許容するメトリクスの値を定義します。次の例では、`latency` メトリクスが500msを超えた場合にロールバックします。

```
analysis:
  metrics:
    - name: latency
      templateRef:
        name: latency
      thresholdRange:
        max: 500
      interval: 1m
```

◆ analysis.webhooks

 `analysis.webhooks` ブロックでは、デプロイ中に送信するWebhookを配列形式で定義します。

 次の例では、podinfo-canaryに対して1分間にhttpリクエストを60回送信する `load-test` と、Gremlinに対してアタックを作成するためのAPIリクエストを送信する `gremlin-test` を定義しています。いずれも、Flaggerのチュートリアル用に用意されているhttp負荷テスト用の `flagger-loadtester.test` に対してWebhookを飛ばしています。falgger-loadtesterは、goベースの負荷テストツールである `hey` コマンドも利用可能であり、Webhookを受け付けることが可能です。

 `type` では、Webhookを飛ばすタイミングを表5.2の通り指定できます。今回はGremlinに対して攻撃を実行するAPIコールをルーティングが始まる前に実行し、`hey` コマンドによるhttpリクエスト負荷を分析の都度実行するよう設定しています。

●表5.3 「type」の種類

type	説明
confirm-rollout	カナリアデプロイメントがスケールアップされる前にWebhookが実行される
pre-rollout	カナリアデプロイメントにて、新たにデプロイされたPodに対してトラフィックがルーティングされる前に、Webhookが実行される
rollout	カナリアデプロイメントにおける各分析において、メトリクスがチェックされる前にWebhookが実行される
confirm-traffic-increase	新たにデプロイされたPodへのトラフィックが増える直前に、Webhookが実行される
confirm-promotion	プロモーションステップ（新バージョンのアプリケーションがプライマリに昇格するステップ）の前にWebhookが実行される
post-rollout	プロモーションまたはロールバックされた後に、Webhookが実行される
rollback	カナリアデプロイメントが進行中または待機中のステータス時にWebhookが実行される
event	FlaggerがKubernetesのイベントを発行するたびにWebhookが実行される

```
analysis:
  webhooks:
    - name: load-test
      type: rollout
      url: http://flagger-loadtester.test/
      timeout: 30s
      metadata:
        cmd: "hey -z 1m -q 1 -c 1 http://podinfo-canary.test:9898/"
```

```
  - name: gremlin-test
    type: pre-rollout
    url: http://flagger-loadtester.test/
    timeout: 30s
    metadata:
      cmd: "ステップ1で作成したcurlコマンド"
```

◆ ステップ3：イメージを更新する

Imageの更新をトリガーにpodinfoのカナリアデプロイメントを実行します。今回は手動でImageの更新を行いますが、ArgoCDを組み合わせることでマニフェストファイルの更新を自動的に反映することも可能です。

Canaryリソースにおけるカナリアデプロイメントのステータスは次の通りで、「Progressing」→「Promoting」→「Finalising」→「Succeeded」という順で進みます。Canaryリソースで定義したメトリクスの閾値を超えた場合はステータスが「Failed」となり、トラフィックがすべて既存のpodinfo-primaryに戻されます。

●表5.4　Canaryリソースにおけるカナリアデプロイメントのステータス

ステータス	説明
Progressing	カナリアデプロイメントが実行されているステータスで、podinfoへのトラフィックを増やしている状態
Promoting	Canaryリソースで定義した最大トラフィックに到達後、podinfoの設定をpodinfo-primaryに反映する状態
Finalising	podinfoの設定がpodinfo-primaryに反映され、podinfoのレプリカ数を0にする状態
Succeeded	カナリアデプロイメントの処理が完了し、新バージョンのアプリケーションがプライマリとしてリリースされた状態
Failed	分析結果において観測されたメトリクスが指定された閾値を超え、カナリアデプロイメントを中断し、podinfo-primaryへのトラフィックを100%に戻した状態

次のコマンドでpodinfoのイメージを更新するとカナリアデプロイメントが実行されます。

```
$ kubectl -n test set image deployment/podinfo podinfod=stefanprodan/podinfo:3.1.2
```

イメージの更新後、podinfoに対するトラフィック（WEIGHT）が全体の20%ずつ増加されていることがわかります。

```
$ kubectl get canaries -n test -w
NAMESPACE   NAME      STATUS        WEIGHT   LASTTRANSITIONTIME
test        podinfo   Progressing   0        2021-12-10T13:41:35Z
test        podinfo   Progressing   20       2021-12-10T13:42:35Z
test        podinfo   Progressing   40       2021-12-10T13:43:35Z
test        podinfo   Progressing   60       2021-12-10T13:44:35Z
test        podinfo   Progressing   80       2021-12-10T13:45:35Z
test        podinfo   Progressing   100      2021-12-10T13:46:35Z
test        podinfo   Promoting     0        2021-12-10T13:47:35Z
test        podinfo   Finalising    0        2021-12-10T13:48:35Z
test        podinfo   Succeeded     0        2021-12-10T13:49:35Z
```

次のコマンドでログを確認すると、podinfoのカナリアデプロイメントに成功し、podinfoのspec（今回の変更ではイメージのタグのみ変更）がpodinfo-primaryに反映され、podinfoが削除されていることがわかります。なお、podinfoにトラフィックがルーティングされたときにはまだメトリクスがないため、`no values found` のエラーが出力されています。

```
$ kubectl -n istio-system logs deployment/flagger --tail=10 -f | jq .msg
"New revision detected! Scaling up podinfo.test"
"Starting canary analysis for podinfo.test"
"Pre-rollout check gremlin-test passed"
"Advance podinfo.test canary weight 20"
"Halt advancement no values found for custom metric: latency: no values found"
"Advance podinfo.test canary weight 40"
"Advance podinfo.test canary weight 60"
"Advance podinfo.test canary weight 80"
"Advance podinfo.test canary weight 100"
"Copying podinfo.test template spec to podinfo-primary.test"
"Routing all traffic to primary"
"Promotion completed! Scaling down podinfo.test"
```

カナリアデプロイメント中にVirtualServiceを確認してみると、トラフィックのWeight値が変更されていることがわかります。今回、`hey` コマンドで負担をかけているのはあくまでも「podinfo-canary」Serviceですが、エンドユーザーなど外部からの通信は「podinfo」VirtualServiceを経由してくるので、実験中のpodinfoへのエンドユーザーアクセスを制御し、カオス実験による影響を最小限にすることが可能です。

```
$ kubectl describe vs podinfo -n test | grep -A6 Route
  Route:
    Destination:
      Host:  podinfo-primary
    Weight:  80
    Destination:
      Host:  podinfo-canary
    Weight:  20
```

ステップ4：ロールバックを確認する

threshold Range で定義したレイテンシのしきい値（今回は500ms）を超えた場合に、正しくロールバックされることを確認します。

Canaryリソースで定義したGremlinのAPIコールで、増加させるレイテンシの値を100msから1000msに変更します。

● 変更前

```
'cliArgs': ['latency,'-l','300','-m','100','-p','^53']
```

● 変更後

```
'cliArgs': ['latency,'-l','300','-m','1000','-p','^53']
```

次のコマンドでpodinfoのイメージを更新し、カナリアデプロイメントを実行します。

```
$ kubectl -n test set image deployment/podinfo podinfod=stefanprodan/podinfo:3.1.2
```

同じようにステータスを確認すると、カナリアデプロイメントが失敗して終了されていることがわかります。Canaryリソースの threshold で定義した2回分の失敗を許容しているため、2回目の分析が失敗した時点でステータスが Failed になっています。

```
podinfo   Progressing   0    2021-12-19T00:34:10Z
podinfo   Progressing   20   2021-12-19T00:35:10Z
podinfo   Progressing   20   2021-12-19T00:36:10Z
podinfo   Progressing   20   2021-12-19T00:37:10Z
podinfo   Failed        0    2021-12-19T00:38:10Z
```

　flaggerのログを確認すると、デプロイに失敗したときの挙動が詳しくわかります。前述したように、podinfoにルーティングされ始めた段階では、分析できるメトリクスがないため、`no values found` が発生しています。その後はレイテンシが1239.00msと、500msのしきい値を上回り、エラーが出力されています。これらのエラーが合計で2回の失敗としてカウントされ、`threshold` で定義した値と同じになるので、ロールバック処理が実行されています。ロールバック処理としてpodinfo-primaryにトラフィックをすべて戻した後、podinfoのレプリカ数を0にして元の状態に戻しています。

```
$ kubectl -n istio-system logs deployment/flagger --tail=10 -f | jq .msg
"New revision detected! Scaling up podinfo.test"
"Starting canary analysis for podinfo.test"
"Pre-rollout check gremlin-test passed"
"Advance podinfo.test canary weight 20"
"Halt advancement no values found for custom metric: latency: no values found"
"Halt podinfo.test advancement latency 1239.00 > 500"
"Rolling back podinfo.test failed checks threshold reached 2"
"Canary failed! Scaling down podinfo.test"
```

5
CI／CDとカオスエンジニアリング

本章のまとめ

　本章では、CI/CDとプログレッシブデリバリについて解説し、カオスエンジニアリングをパイプラインに組み込む必要性について解説しました。特にカナリアデプロイメントとカオスエンジニアリングは相性が良く、カオス実験を安全に実施することが可能なため、より信頼性の高いアプリケーションリリースを実現することができます。そのため、本章ではFlaggerやGremlinを組み合わせた例を解説しました。

CHAPTER 06

セキュリティと
カオスエンジニアリング

>>> **本章の概要**

　近年、セキュリティ事故による情報漏洩やサービス停止が発生しています。

　この原因は、システムのセキュリティホールを突いたサイバー攻撃が多様化しているだけではありません。さまざまなツールやクラウドネイティブなどの考え方が普及したことによってシステムが複雑化し、考慮不足や設定ミスで自らセキュリティホールを生み出してしまうこともあります。また、最近では内部による犯行も疑わざるを得ない状況にあり、すべての攻撃を防ぐセキュリティを実装することは不可能と言っても過言ではありません。この状況下でより効果的なセキュリティ対策を講じるには、システムの脆弱性を理解して、セキュリティインシデントに強い体制を確立しなければなりません。

　一方で、カオスエンジニアリングでは、意図的に障害を発生させてシステムの挙動を理解し、より弾力性の高いシステムにするための対策を講じます。この手法をセキュリティにも適用することで、システムの脆弱性を理解し、セキュリティインシデントの対処をより確実なものにすることができます。

　本章では、カオスエンジニアリングをセキュリティに適用したセキュリティカオスエンジニアリングについて説明します。

企業のセキュリティ対策

　昨今、サイバー攻撃による情報漏洩や金銭的損失を伴う事故が多く発生しています。2017年にはWannaCryを用いたシステム停止や身代金要求の被害が相次ぎました。2018年にはコインチェック社が保有していた暗号資産や顧客情報が外部に流出するという大きな事件が起きています。最近でも、クラウドやIoTの活用、新型コロナ対策によって増加したリモートワークによって、サイバー攻撃は増加傾向にあります。

　サイバー攻撃を未然に防ぐために、企業はサイバーセキュリティ対策製品をシステムに取り込むことで、セキュリティを強化してきました。また、セキュリティを維持するための運用を行う企業もあります。本節では、これまでのセキュリティ対策について振り返ります。

🔷 セキュリティの実装と運用

　システムを構築するときは非機能要件としてセキュリティ対策を実装します。セキュリティ対策製品をシステムに取り込むこともあれば、各機器の設定で担保することもあります。システムの特性によってセキュリティ対策は異なりますが、下記の表6.1に挙げた例は多くの企業で一般的に実装するセキュリティ対策です。

●表6.1　一般的なセキュリティ対策

セキュリティ実装例	説明
ファイアウォール	通信の許可・拒否を行う技術で、境界防御に用いられる
IDS/IPS	Intrusion Detection System（侵入検知システム）/Intrusion Prevention System（侵入防御）の略。IDSは、システムやネットワークに対する不正なアクセスを検知して通知する技術。IPSは不正アクセスを検知して自動で遮断する技術
WAF	Web Application Firewallの略。Webアプリケーションの脆弱性を悪用した攻撃を防ぐ技術
アンチウイルスソフト	定期的にコンピュータをスキャンし、ウイルスを検知・駆除する技術
認証・認可	任意のリソースに対してアクセスできるユーザーや権限を制御する技術
多要素認証	ユーザー本人であることを確認するために、2つ以上の要素に基づいて認証を行う技術
データ暗号化	データの内容を第三者に見られないように暗号化する技術
通信の暗号化	インターネット経由で通信を行うときに、その通信データを盗み取られないように暗号化する技術。Transport Layer Security (TLS)が国際標準
DDoS防御	システムに過剰なアクセスを発生し、サービスを停止する攻撃（DDoS攻撃）を防ぐための技術
ファイル改ざん検知	オペレーティングシステム上のファイルが不正に改ざんされたことを検知する技術

　ただし、これらをすべて実装すれば問題ないということはありません。実装したセキュリティ製品に対して攻撃されることもあれば、誤った設定が攻撃を受け入れることもありますし、新たな脆弱性や攻撃手法が見つかることもあります。したがって、企業はセキュリティを維持するための運用が必要になります。企業によっては、セキュリティ運用のガイドラインを作成し、すべてのシステムにおいて定期的な確認・検査を行うところもあります。

　下記の表6.2は、企業がセキュリティを維持するために実施している作業の主な例です。

●表6.2　セキュリティ運用例

セキュリティ運用例	説明
特権IDの制御	システムを制御できる最上位の権限の利用申請や操作ログ、パスワードを管理する
IT資産管理	システムにおける各コンポーネントのハードウェア・ソフトウェアの構成情報を管理する。セキュリティ対策としては、パッチの適用状況やバージョンを把握する
脆弱性検査	オペレーティングシステムやミドルウェア、アプリケーションなどをスキャンし、脆弱性情報を検出・管理する
パッチ適用	脆弱性検査で出た脆弱性に対して、修正プログラム（パッチ）を適用する
バージョンアップ	脆弱性検査で出た脆弱性に対して、修正済みのバージョンにバージョンアップする
ログ管理	任意のリソースに対して、どのようなアクセスがあったかを記録する。エンドユーザーからのアクセスログもあれば、管理者がシステムに対して操作を行った監査ログを取得する
設定値管理	オペレーティングシステムやミドルウェアの設定値を定期的に確認し、セキュリティ設定が実装されているか確認する。バージョンアップや変更作業で設定値が変わっていないことを確認することが目的
管理者ID検証	登録されている管理者IDを確認し、必要最低限に割り振られているか検証する。主に、退職者やプロジェクトを離任した者に権限を与えていないか確認することを目的とする

◆ ゼロトラスト

　これまでに紹介したセキュリティ対策をすべて実施するには、多大な投資が必要になります。セキュリティはコストとトレードオフな関係にあるので、セキュリティ対策の範囲を限定することがあります。その1つの方法として、企業は外部からの通信をすべて遮断し、外的要因で発生するサイバー攻撃のみを防ごうとする思想があります。内部は信頼できる者しかいないため内部の犯行はないものとし、セキュリティ対策を限定することによって、費用や作業負担を減らすことができます。この思想は多くの企業で取り入れられてきました。

　しかし、この思想はこれまで機能してきましたが、サービスの多様化やリモートワーク需要の増加によって破綻しつつあります。管理者がインターネット経由でシステムにアクセスしなければならなかったり、企業のデータセンター経由でクラウドサービスにアクセスするにもネットワーク回線が逼迫したり、さまざまなソフトウェアがインターネット上の情報と連携したりすることが増えてきているため、システムをインターネットに接続しないことが企業の発展の妨げとなっています。

　一方でインターネットを活用すると、「誰が」「いつ」システムにアクセスして、「何を」「どうやって」操作するのかがわかりません。そのため、外部からの攻撃なのか、内部からの攻撃なのか、判断がつかなくなってきます。

　こうした状況下において、これまで内部的な犯行はないものとしてきた性善説のセキュリティ実装ではなく、社内外関係なくすべてを疑う性悪説に基づいた**ゼロトラスト**という考え方が誕生しました。もともとゼロトラストに似たような考え方はたくさんありましたが、2020年に米国国立標準技術研究所（NIST）が「NIST Special Publication 800-207 Zero Trust Architecture」を発表し体系化したことで、ゼロトラストという言葉が定着しました。

- NIST Special Publication 800-207 Zero Trust Architecture
  (National Institute of Standards and Technology)
  URL https://nvlpubs.nist.gov/nistpubs/
  　　　SpecialPublications/NIST.SP.800-207.pdf

　ゼロトラストは図6.1のアーキテクチャ通り、企業リソースにアクセスするときに必ずポリシー実行ポイント（**PEP**）を通過します。ポリシーアドミニストレータ（**PA**）とポリシーエンジン（**PE**）によって通信の許可・拒否が判断され、PEPが実行します。これによって、従来のセキュリティでは疑わなかった内部からの攻撃も制御し、より堅牢なシステムを築きあげることができます。

●◎図6.1　ゼロトラスト・アーキテクチャ

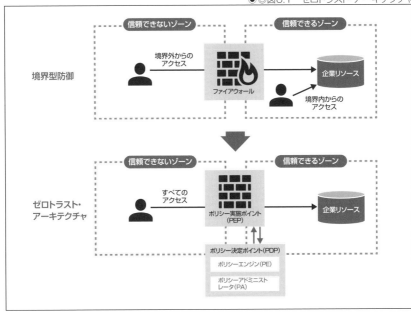

本書では深く取り上げませんが、従来では疑わなかったアクセスも制御することで、インターネットを駆使したシステムにおいても強固なセキュリティを維持することができます。しかし、NIST SP800-207で詳細に述べられている通り、**ゼロトラストの思想を実装しても脅威は残ります**。通信の許可・拒否を判断するPDPやPEPへ攻撃されることもありますし、PEへの権限を持つ管理者が設定を間違えることもあります。ゼロトラストは非常にセキュアな考え方ですが、**ゼロトラストアーキテクチャを実現したからといってすべての攻撃を防げるわけではありません**。

6

セキュリティとカオスエンジニアリング

企業のセキュリティ対策における限界

これまで企業におけるセキュリティ対策の例を紹介してきましたが、基本的な考え方として、セキュリティインシデントを起こさないことを目的としています。もちろんセキュリティインシデントがないのは理想で、なくすための努力は必要です。しかし、100%の可用性を持つシステムが存在しないのと同じように、セキュリティインシデントが100%発生しないシステムというのもありません。それでも企業は限られた予算でセキュリティ対策を行い、セキュリティインシデントを発生させないようにしなければならないのです。

ここで企業を悩ませる問題は、セキュリティインシデントをなくそうとすると100%に近づくにつれてコストが膨大になることです。たとえば、管理者ログインのなりすましを防ごうと思ったら、信頼できる人にだけIDとパスワードを連携します。しかしこれだけでは、社外の人間がアクセスを試みてログインできてしまう可能性もあるので、自社のネットワークからのみのアクセスに絞ります。これでかなりのリスクはなくせますが、それでも内部の者がパスワードを不正に入手してアクセスする可能性もありますし、社外の人間が不正に社内ネットワークにアクセスできてしまう可能性もあります。より高度になりすましを防ぐために多要素認証を導入することも考えられますが、セキュリティ対策を重ねるたびにコストが跳ね上がります。この状況下で、**予算とのトレードオフを見極めながら、どこまでセキュリティ対策を行うか決定しなければなりません。**

セキュリティ対策は、攻撃を防いだログが出力されてはじめて効果がわかるものなので、費用対効果が非常にわかりにくいものです。だからこそ投資判断が難しく、年に1回起きるかもわからないセキュリティ事故のために多大な投資はなかなかできません。

さらには、すべてのシステムに対して共通のセキュリティポリシーを徹底することはできますが、システムによってセキュリティの重要性が異なるため必要以上にコストもかかります。だからといって投資せずにセキュリティインシデントが発生すれば、投資すれば防げた以上の損害が出ることもあります。

そしてこのようなセキュリティ対策の検討はすぐに決められるものでもなく、関係者が多ければその分長期化します。検討期間が長期化すれば、**新しいシステムをリリースするのが遅れ、競合他社に遅れを取り機会損失にもなり得ます。**

効果的なセキュリティ対策

　これまで説明してきたように従来のセキュリティ対策には限界があるため、多くの企業ではより効果的なセキュリティ対策を求めています。比較的費用対効果の高いセキュリティ対策について説明します。

🔲 システムのセキュリティホールを継続的に把握する

　攻撃者にとってみれば、ある程度のセキュリティ対策がなされている箇所を攻撃するよりも、セキュリティホールを探して攻撃する方がはるかに簡単で成功率を上げられます。システム管理者にとっても、セキュリティ対策が弱い箇所を一定の水準に引き上げる方がはるかに簡単で、低コストで実装できます。企業がインターネットに公開していない機器のセキュリティレベルを落としていたのも、外部からアクセスできない機器のセキュリティに投資するより、外部からアクセスできる機器のセキュリティを強化した方がはるかに費用対効果が高いからです。**セキュリティの堅牢性を高める取り組みは、あるレベルまで到達すると極端に投資対効果が低くなるので、セキュリティ対策が弱い箇所に投資する方が効果的です。**

　セキュリティホールを常に正しく把握することで、投資対効果の高いセキュリティ実装もできますし、攻撃されたときの対策を練ることもできます。しかし、システムのセキュリティホールを正しく把握できている企業は多くありません。もちろん構築時に実装したセキュリティ対策やリスクは管理しています。しかし、実機上では設定されていなかった、考慮が不足していた、システム変更で設定が変わっていたなどの理由で、セキュリティホールに気付かないこともあります。

　さらに考慮しなければならないのは、時間の経過とともに堅牢性は下がるということです。OSやソフトウェアの脆弱性が見つかることもありますし、技術の発展によって攻撃が容易になることもあります。

　だからこそ、継続的に実機上でセキュリティホールを点検することが重要です。ただ設定値を点検するだけでは設計した範囲でしか確認ができません。あらゆる条件下での攻撃を検証することで、より多くのリスクを把握することができます。

6 セキュリティとカオスエンジニアリング

🔹 セキュリティインシデント発生後の対応を強化する

多大な投資をしてセキュリティ製品を組み合わせても、数年に1回来るかわからない攻撃を防ぐだけのものになってしまうこともあります。もちろん、セキュリティ製品を駆使して必要最低限のセキュリティを担保しなければなりません。しかし、前述した通り、あるレベルまで到達すると対策が難しくなってしまい、コストが膨れ上がる可能性があります。

その一方で、**Design for failureの考え方をセキュリティにも適用ことすることで、効果を高めることができます**。セキュリティインシデントが発生することを前提とし、影響を局所化して迅速に回復するための設計、体制、プロセスを確立します。

冒頭で紹介したセキュリティ運用との大きな違いは、**セキュリティインシデントは発生するのが当たり前**の前提に立っていることです。CSIRT（Computer Security Incident Response Team）も、この考えが前提にあります。CSIRTとは、セキュリティインシデントが発生することを前提に、セキュリティインシデントのアラートを受け付けてから分析、対応までを専門で行うチームです。セキュリティインシデントは発生するものだということを前提にして、セキュリティインシデント対応だけではなく、セキュリティインシデントのハンドリングマニュアルを作成したり、日々進化するサイバー攻撃を調査したり、セキュリティインシデントの再発防止策を講じたりします。冒頭で紹介したセキュリティ運用はあくまでもセキュリティインシデントを起こさないための取り組みであり、考え方が異なります。

これは地震の対策に似ています。地震は津波や土砂崩れなど、すべて考慮しなければなりません。しかし、あらゆる震災被害から守る建物を構築することは、多大なコストがかかるので多くの家庭がその予算を確保できません。それよりも、震災グッズを準備しておき、震災が発生したときに自分の命を守れる行動や避難場所を確認しておいた方が、建物を建てるよりも遥かに安価で生存率を高められることがあります。

つまり、セキュリティ製品を組み合わせてセキュリティインシデントを起こさないようにするよりも、セキュリティインシデントが起きてからの対策をした方が効果的な場合があります。

セキュリティカオスエンジニアリング とは

　CHAPTER 02で紹介したカオスエンジニアリングは、障害時におけるシステムの挙動を理解してサービス回復スピードの向上を目的として、故意に障害を起こします。この考え方は、セキュリティに対しても適用することができます。**セキュリティインシデントを故意に起こすことで、セキュリティインシデント発生時のシステムの挙動を理解し、回復までの手順を確認することができます。**この手法については、オライリー社が出版している『Security Chaos Engineering』で語られています（以降は、セキュリティカオスエンジニアリングと呼びます）。

- Security Chaos Engineering by Aaron Rinehart, Kelly Shortridge
  - URL https://www.oreilly.com/library/view/security-chaos-engineering/9781492080350/

　セキュリティカオスエンジニアリングでは、脅威モデルを検討し、自社のシステムで実際にセキュリティインシデントを引き起こします。どのような攻撃をすれば自社のシステムの情報を盗みとれるかなど、運用フェーズにおいても継続して検討するため、自社システムの弱点を把握することができます。

　セキュリティインシデントの対応プロセスを整備するためにも利用されます。自社システムにセキュリティインシデントを発生させることで、被害範囲を確認することもできます。また、回復までのプロセスを実践し見直すことで、効率的かつ影響が少ない復旧プロセスを確立します。

🔷 従来のセキュリティ対策との違い

　従来のセキュリティ対策は、セキュリティインシデントを発生させないように対策してきたのに対し、セキュリティカオスエンジニアリングはセキュリティインシデントは発生することが前提となります。たとえセキュリティインシデントが発生しても責任の所在を調査して罰することもなく、セキュリティインシデントは学習と捉え、誰も非難せずに改善します。

　従来でもセキュリティインシデントに対して再発防止策を講じることがあったと思いますが、インシデント発生後に検討することが通常です。しかし、セキュリティカオスエンジニアリングでは、セキュリティインシデントが発生してから改善するのではありません。自らがシステムのセキュリティリスクを検討し、実際にセキュリティインシデントを発生させることで、能動的かつ継続的に改善を行います。

　組織にも違いがあります。多くの企業ではセキュリティチームが存在します。企業におけるセキュリティ実装・運用のガイドラインを作成し、すべてのシステムに対して例外なくセキュリティポリシーに準拠させます。例外があった場合に、リスクの受け入れ判断をするのもセキュリティチームとなります。この体制はセキュリティレベルを企業全体で底上げできますが、システムによっては過剰なセキュリティコストが必要になる恐れがあります。ガイドラインやポリシーが不要というわけではありません。ただ、新規ビジネス立ち上げの足枷にもなりかねないので、セキュリティポリシーの準拠をどこまで必須とさせるのか検討しなければ、多くのビジネスチャンスを逃す可能性があります。

　一方、セキュリティカオスエンジニアリングでは、セキュリティチームが強制力を働かせることはせず、セキュリティの専門家として各プロジェクトを支援します。各チームの相談を受けることで、ナレッジがセキュリティチームに蓄積され、他プロジェクトにも展開することが可能となります。また、セキュリティリスクの受け入れも各プロジェクトチームが決定します。これによって、セキュリティチームと各プロジェクトチームの軋轢を取り除き、企業にビジネスの俊敏性をもたらしてくれます。

●表6.3　従来のセキュリティ対策とセキュリティカオスエンジニアリングの違い

項目	従来のセキュリティ対策	セキュリティカオスエンジニアリング
文化	・セキュリティインシデントが発生しないように対策する ・セキュリティインシデントが発生すれば、責任の所在を明確にして罰する	・セキュリティインシデントが起こることを前提に対策する ・セキュリティインシデントは最善の学習ととらえ、非難せずに改善を行う
組織	・セキュリティチームがセキュリティ対策を検討し、各チームにセキュリティ実装を強制する	・各プロジェクトチームでセキュリティ対策を検討し、セキュリティチームはその支援を行う
リリース	・セキュリティチームが定めたセキュリティポリシーをすべて準拠してからリリース ・リリース前にセキュリティチームが評価を行う	・各プロジェクトチームがリスク受け入れとリリースを判断

　ここまで従来のセキュリティ対策とセキュリティカオスエンジニアリングの違いを説明しましたが、どちらか一方を行えばいいというわけではなく、両対策を実施する必要があることに注意してください。従来のセキュリティ対策で一定水準のセキュリティレベルを実装し、その上でセキュリティカオスエンジニアリングを実施することで、セキュリティインシデント対応の迅速化やセキュリティレベルの向上が見込めます。

🔲 セキュリティカオスエンジニアリングのメリット

　セキュリティカオスエンジニアリングを実施するメリットについて説明します。

◆ セキュリティインシデントに強い体制の確立

　万全にセキュリティ対策を施してきた企業ほど、セキュリティインシデントに混乱してしまうことが多々あります。磐石なセキュリティ対策を実装することで、セキュリティインシデントが稀有となり、いざ発生するとどうやって対応していいかわからなくなります。構築時に大量の手順書を作成して対応手順を用意していても、作成した担当者がいなくなり、一度も目を通したことない担当者が対応することも珍しくありません。誰が見ても対応できる手順だとしても、システム変更によって手順が古くなってしまうこともありますし、障害時の緊張感ある中ではじめて実施する手順を実行することは難易度が高いです。

　また、時代が進むにつれてセキュリティインシデント対応プロセスは大きく変わることもあります。たとえば新しいツールの誕生です。少し前までは複数人が同時に書き込めるツールや同時に会話できるツールを導入していない企業がほとんどで、影響の連絡は各チームに電話したり、担当者が各システム担当の確認結果を整理するために1人ひとりに電話したりと、復旧作業の他に多くの負担がかかっていました。それが現在は多くの企業が同時編集できるツールやWeb会議ツールを導入して、障害対応時のチーム間連携も効率的に行っています。

　このように、セキュリティインシデントにおける体制や対応プロセスは日々変わっていきます。セキュリティインシデントに対して被害を少なくしたいのであれば、迅速に対応して影響を局所化できるように準備しておかなければなりません。

セキュリティカオスエンジニアリングでは、自らセキュリティインシデントを引き起こし、セキュリティインシデント対応プロセスを繰り返し実践します。メンバー全員が障害に慣れ、効率的なセキュリティインシデント対応プロセスを練り上げることで、セキュリティインシデントに強い体制を確立できます。

◆ エンドユーザーへの影響局所化

セキュリティカオスエンジニアリングを実践すると、セキュリティインシデントにおけるエンドユーザーの被害も局所化することが期待できます。攻撃を受けてから回復するまでのプロセスを実践する中で、エンドユーザーがシステムを利用できなくなるケースもあると思います。繰り返し実践していくと、エンドユーザーへの被害が一番少なく、効率的に回復できるプロセスやシステム構成を見出すことができます。

◆ セキュリティ投資の判断材料になる

セキュリティカオスエンジニアリングでの実験では、脅威の評価を行い実機上で確認するため、リスクのレベルをより明確に理解することができます。これはセキュリティへの投資判断に重要な材料となります。また、実機上で確認することで、システムの堅牢性の低さや影響範囲の大きさについて説得力を増します。本章の冒頭でも説明した通り、セキュリティへの投資判断は極めて難しいですが、セキュリティカオスエンジニアリングがそれを後押しする役割を担ってくれることが期待できます。

🔲 セキュリティカオスエンジニアリングのデメリット

セキュリティカオスエンジニアリングのメリットがある一方で、デメリットもあります。

◆ 経営層からは投資対効果が見えにくい

セキュリティカオスエンジニアリングにかかわらず、セキュリティを実装するのにはそれなりのコストがかかります。しかし、コストをかけた分、売上が上がるというわけでもなく、万が一に備えた投資になります。

　セキュリティカオスエンジニアリングを実践しようと思ったら、これまでのコストにセキュリティカオスエンジニアリングのコストが上乗せされるので、より経営層からは受け入れにくくなってしまいます。これは、企業に広まらない大きな課題の1つとして考えられます。この課題は、日々の運用にエンジニアリング時間を確保する考え方が普及していけば、少し受け入れやすくなることが期待できます。

　クラウドネイティブなシステムを運用する上で、Google社が提唱した「Site Reliability Engineering(SRE)」が注目を浴びています。その中で、手作業で繰り返し行われる作業を自動化するためのエンジニアリング作業を、日々の運用で確保することが望まれています。自動化推進作業が日々の運用の中に含まれるという考え方です。従来は、日々の運用が100%で、誰かが120%仕事をして自動化するか、別途工数を見積もって自動化するケースが多く見られました。しかし、このSREという考え方では、システムの品質を向上するために使う時間も日々の運用の一部だという前提で運用の見積もりがされます。

- Site Reliability Engineering(Google)
  - **URL** https://sre.google

　もちろん、従来のエンジニアリング時間を確保しない運用よりも工数が上がることは間違いありません。しかし、この考え方が標準になれば、セキュリティカオスエンジニアリングも運用の1つとして考えられ、それを前提に運用コストを見積もることになるので、経営層にも受け入れられやすくなると期待できます。

◉図6.2　エンジニアリング時間の考え方

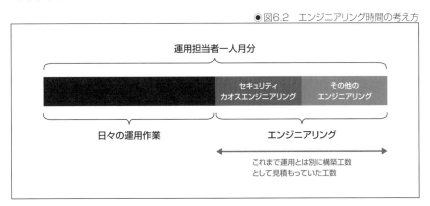

セキュリティカオスエンジニアリングの流れ

　セキュリティカオスエンジニアリングを実践するための基本的なステップについて解説します。

◆ ステップ1：シナリオの選定

　昨今のサイバー攻撃手法は数多く存在するため、カオス実験を計画しようにも膨大な数がありますし、攻撃者の意図によって同じセキュリティインシデントでも深刻さが変わります。セキュリティカオスエンジニアリングでは、あらかじめサイバー攻撃のシナリオを決めておき、カオス実験を計画しやすくします。

　サイバー攻撃のシナリオは、大きく「**企業の損害**」と「**攻撃者の利益**」の二軸で優先順位を付けることができます。「企業の損害」が大きければコストをかけた分だけ効果が大きくなりますし、「攻撃者の利益」が大きければ攻撃者はその攻撃を行う可能性が高くなります。ただ、この二軸は抽象度が高いので表6.4のように詳細化すると、より優先度が付けやすくなります。表6.4の例では、それぞれのシナリオに点数付けを行う方法です。この例では、利益もしくは損害の金額の多寡を0から3の4段階で評価しており、数字が高いほど金額が大きいことを表しています。この方法は、各項目における点数の付け方はあらかじめ定義しておかないと、平等な評価が行えないので注意してください。

●表6.4　シナリオの優先順位付けの例

シナリオ	攻撃者の利益	企業の損害			合計
	金銭獲得	金銭的損失	サービスの中断	企業イメージの低下	
個人情報の盗難	3	2	0	2	7
アプリソースコードの盗難	2	1	0	2	5
DDoS攻撃	1	1	2	2	6

　シナリオを洗い出すと膨大な数になるので、上記のように優先順位を付けておくと、どのシナリオから実践していくか決めやすくなります。たとえば、攻撃者が情報を盗むことを考えたときに、システムのエラーログよりも顧客の機密データのがはるかに貴重なはずです。どのシナリオが企業にとって損失が大きいか見極めることで、より早くセキュリティホールに気付くことができます。

ステップ2：脅威モデリング

　ステップ1で決定したシナリオに対する攻撃手法を検討します。脅威モデリングの手法としてアタックツリー分析があります。アタックツリー分析について、独立行政法人情報処理推進機構（IPA）が作成した『制御システムのセキュリティリスク分析ガイド 第2版』では、次のように述べています。

> 攻撃者視点で、トップダウンに、誰が、どこから、どのルートを経由して被害発生を引き起こしうるかのシナリオを、攻撃ツリー（攻撃のステップからなる一連の攻撃フロー）として構成する。攻撃の侵入口は複数存在し、また攻撃経路も（下流に向けて）枝分かれして、事業被害を引き起こす攻撃へと連なる。こうして構成したツリーの各攻撃事象を受容してしまう脆弱性を評価して、攻撃ツリーの成立の可能性を算定する。
> (https://www.ipa.go.jp/files/000080712.pdfより)

　本書では脅威モデリング手法としてアタックツリー分析を例に紹介しますが、他の脅威モデリング手法を活用しても問題ありません。たとえば、ディシジョンツリー分析のように、攻撃の各フェーズにおいて攻撃者が実行できる行動を視覚的に表す方法もあります。

◆ データフローダイアグラムを作成する

　アタックツリー分析は、攻撃者の立場になって攻撃パターンを検討します。したがって、システムのアクセスやデータの流れについて正しく理解していないと、抽出する攻撃パターンを狭めてしまいます。逆にシステムを理解している者が考えた攻撃パターンは、本来の攻撃者よりも多く攻撃パターンを洗い出せる確率が高いです。したがって、攻撃ツリー解析を行う前に、データフローダイアグラム（DFD）を準備しておくことをおすすめします。システムを可視化しておくことで、チーム全体の理解度を深め、チームでより多くの攻撃パターンを抽出することも可能です。

　DFDとはその名の通り、システムにおけるデータの流れを図示したものです。図6.3の表記を使って、システム上のデータの流れを直感的に捉えることができます。

●図6.3　DFDのコンポーネント

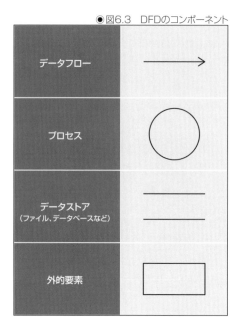

　一般的なWebシステムにおいて、個人情報を閲覧するまでのデータフローの例を図6.4に示します。

●図6.4　DFDの例

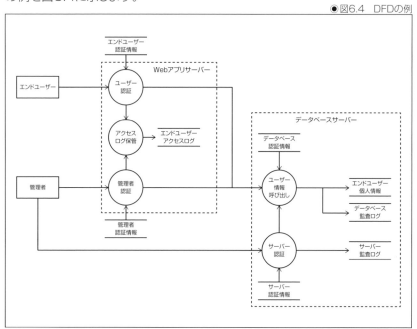

　この例では、任意の個人情報を閲覧する方法として大きく2つあります。1つ目は、エンドユーザーがサイト内のプロフィール画面にアクセスして閲覧することです。2つ目は、管理者がWebシステムの管理画面あるいはサーバーから閲覧することです。DFDを作成したことによって、エンドユーザーと管理者が個人情報にアクセスする流れと、いつ認証を受けてログを出力するか直感的にわかります。

◆ アタックサーフェイスと脅威を検討する

　DFDを利用して、攻撃される可能性のある境界面（アタックサーフェイス）と脅威について特定します。攻撃される可能性のあるポイントを特定し、どのような脅威があるのかを検討します。

　一般的な脅威として参考になるのが、Microsoft社が提唱したSTRIDEです。

- Uncover Security Design Flaws Using The STRIDE Approach (Microsoft)

   URL https://docs.microsoft.com/en-us/archive/msdn-magazine/2006/november/uncover-security-design-flaws-using-the-stride-approach

　STRIDEとは、表6.5の6つの脅威の頭文字からとった造語で、広範囲にわたる脅威の一覧です。

●表6.5　STRIDE

脅威	説明
Spoofing（なりすまし）	認証認可されない者が、他人に偽装して認証認可をすり抜けることで、本来アクセスできない場所にアクセスすること
Tampering（改ざん）	設定ファイル、ログ、データなどが不正に書き換えられること
Repudiation（否認）	任意の操作について、その操作を行った者が「操作していない」と否定すること
Information disclosure（情報漏洩）	外部からの攻撃や内部の犯行によって、本来特定の者しかアクセスできなかった情報が他の者からもアクセスできてしまうこと
Denial of service（サービス拒否）	大量の負荷をかけるなどして、企業が提供するサービスをダウンさせること
Elevation of privilege（特権昇格）	特権を持っていない者がシステムの脆弱性を突いて特権を得ることで、本来実行することができない操作を行うこと

　先ほど作成したDFDを基に、個人情報が盗難されるときのアタックサーフェイスと脅威について可視化する例を記載します。

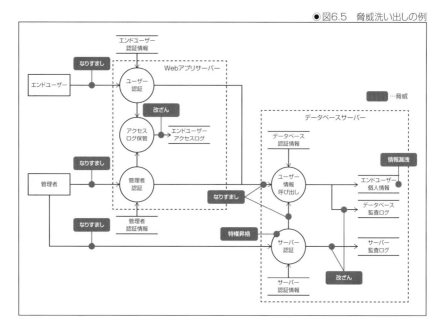

● 図6.5　脅威洗い出しの例

　エンドユーザーや管理者がサイトにアクセスする、あるいは管理者がサーバーに接続するフローに「なりすまし」の脅威があります。特に認証情報を盗まれることで簡単に攻撃者がアクセスできてしまいます。

　これは、データベースに対してユーザー情報を呼び出すときも同じように考えられます。サーバーから直接呼び出すときは、OS上で「特権昇格」の脅威があります。特権ユーザーでないユーザーが不正に特権に昇格されてしまうと、監査ログを書き換えたり、データベースにアクセスしなくてもデータを盗み取れる可能性が出てきてしまいます。

　アクセスログや監査ログには「改ざん」の脅威があります。誰がいつアクセスしたのかがわかれば、仮に情報漏洩があったとしても原因を突き止めるのに役立ちますが、ログから記録を削除されてしまうと、原因調査が進まなくなる恐れがあります。

　個人情報には「情報漏洩」の脅威があります。これは不正アクセスのみならず、内部の権限を持った管理者が個人情報を外部に公開してしまうなど、さまざまなシナリオが考えられます。

　このようにさまざまな脅威が存在することがわかります。この中から、どの脅威に対してカオス実験を行うのかを決めていきます。

◆ 脅威を評価する

洗い出した脅威を細分化し、脅威を引き起こす条件を確認します。

脅威を引き起こす条件を分析する手法として、条件となる攻撃・操作など
を木構造で表すアタックツリー分析があります。構造的に可視化すると、どの
条件を満たすと脅威が引き起こされるのかを理解することができます。つま
り、アタックツリー分析によって、カオス実験の具体的な攻撃方法を明確にす
ることができます。

● Attack trees（Bruce Schneier）

`URL` https://www.schneier.com/academic
/archives/1999/12/attack_trees

手法は至ってシンプルです。攻撃者になったつもりで目的の脅威を実現す
る攻撃を書き出し、さらにその攻撃のAND/OR条件となる攻撃を書き出しま
す。これを繰り返し行うことで、脅威に対する攻撃を構造的に表すことができ
ます。

● 図6.6 ATAの考え方

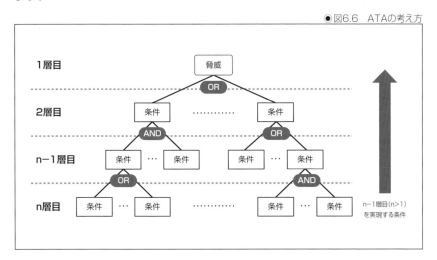

アタックツリー分析で注意したいことは、一度にすべての攻撃や失敗を洗
い出すことは不可能であることです。特に作業ミスは考えれば考えるほど数
が増えていくので、最初から完璧を目指すのではなく、時間を決めて分析す
ることをおすすめします。だからこそ、この分析は一度で終わらせるのではな
く、随時更新することを前提に作成する必要があります。

6

セキュリティとカオスエンジニアリング

　先ほど特定したデータベースアクセスのなりすましについて、アタックツリー分析を適用した図を下記の図6.7に示します。データベースはインターネットに公開しているわけでなく、社内ネットワーク内でのみアクセスが可能という前提で考えると、データベースアクセスでなりすますには、「データベースの認証情報を入手すること」と「データベースに通信ができること」が条件となります。

● 図6.7　ATAの例

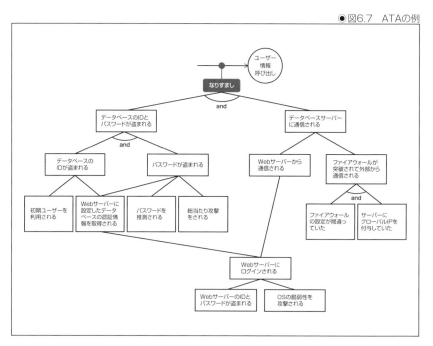

💎 ステップ3：カオス実験

　このステップでは、アタックツリー分析で洗い出した攻撃を意図的に起こします。

　検討までできれば問題ないという考えがありますが、実際に攻撃されてみないとわからないことが多くあります。たとえば、システムが設計通りに実装されていないことに気付きます。日々変更作業を行っていく中で、誤った設定をしてしまうことや、バージョンアップなどによって仕様が変わることもあります。また、攻撃されたことに誰も気付かないということに気付くこともあります。攻撃してみたらアラートが一切飛ばず、管理者が誰も気付かないまま被害が拡大していくことに気付くかもしれません。

◆ 実験の仮説を立てる

　実験を行う前に、実験時のシステムの挙動について仮説を立てます。セキュリティカオスエンジニアリングでは、システムの挙動を理解するために実施しますが、**予測できないことが起こることを期待して実施するものでもありません**。

　たとえば「攻撃者がデータベースのアクセスに5回以上連続で失敗したら、監査ログに記録してアラートが飛ぶ」などを書き出していきます。このとき、システムの挙動と仮説が異なることを実験前に把握している場合、それは実験前に修正しなければなりません。すでに把握できている欠陥を検査しても意味がなく、実験のノイズになるので、あらかじめなくしておきましょう。

◆ フォールバックプランや回復手順を確認する

　実験の仮説を基に、フォールバックプランや回復手順を確認します。仮に手順がない場合は、実験前に作成しておく必要があります。実験時に行き当たりばったりで回復に努めようとすると、振り返ったときに、手順がないから時間がかかったのか、それとも別の原因があったからなのか評価しづらいからです。

◆ 実験する

　準備が整ったら実験を行います。仮説通りであれば基本的には事前に準備しておいた手順で回復できますが、実際に対応してみると思い通りにいかない点や非効率な点が多々出てきます。それらは次のステップでメンバーに共有し、改善するアクションプランに落とし込みます。

🧊 ステップ4：レトロスペクティブ

　このステップでは、ステップ3で実施したカオス実験を振り返ります。カオス実験を実施したメンバー、セキュリティインシデントを対応したメンバー、対応状況を見ていたメンバーなどを集めて、各メンバーからフィードバックします。

　フィードバックは、下記の質問などを問いかけ、より効果的な回復プロセスにするためのヒントを抽出します。特に復旧するまでのプロセスの中で妨げになるものはなかったかというのは重要です。セキュリティカオスエンジニアリングを適用していない場合、長い間実行していない手順やプロセスが存在します。それらはいざ実行すると、ツールが上手く動かなかったり、手順がわかりにくかったり、システム変更によって手順通りに操作できなかったりと、多くの弊害があります。実際に回復手順を実践することで、そうした障害物を抽出して取り除くことができるのはセキュリティカオスエンジニアリングの利点でもあります。

- 質問の例
  - より早くインシデントに気づく方法はあったか？
  - もっと被害を少なくする方法はあったか？
  - サービス影響を少なくする方法はないか？
  - より効率的に対応するにはどうしたらいいか？
  - 対応する中で妨げになるものはなかったか？

　このステップで一番重要なことは、人を非難しないことです。○○さんの対応が遅かったなど、人を非難することは何の解決にもなりません。それよりも、その人がどこで時間が取られたのか、それを自動化することはできないかなどの点で議論した方が改善につながります。セキュリティインシデントにおいても、人に依存する対応を可能な限りなくすことは、システムの信頼性を向上する上で必要な要素です。

セキュリティカオスエンジニアリングのツール

　セキュリティに特化したカオスエンジニアリングツールについて紹介します。カオスエンジニアリングをセキュリティに適用することは比較的新しいこともあって、セキュリティに特化した実験を実行するツールは少ないです。しかし、下記に挙げたツール以外でも、セキュリティ固有のライブラリを提供するツールは今後増えることが期待できます。

🔷 Chaoslingr

　Chaoslingrはオープンソースソフトウェアで、Pythonベースのセキュリティ実験およびレポートフレームワークです。AWSインフラストラクチャの実験に焦点を当てたセキュリティカオスエンジニアリングツールであり、AWS Lambdaで構成されています。

- Optum/ChaoSlingr
  - `URL` https://github.com/Optum/ChaoSlingr

🔷 Verica

　Vericaは、Netflixでカオスエンジニアリングチームを運営していたRinehartとCaseyRosenthallによって設立されたスタートアップ企業で、エンタープライズ向けカオスエンジニアリングプラットフォームを提供します。CI/CDにカオスエンジニアリングを適用し、継続検証を行うためのプラットフォームです。障害の実験だけでなく、セキュリティのカオス実験が含まれています。

- Verica - Continuous Verification
  - `URL` https://www.verica.io

6
セキュリティとカオスエンジニアリング

135

本章のまとめ

　本章では、カオスエンジニアリングがセキュリティにも適用できることについて紹介しました。これまではセキュリティインシデントが発生しないように実装・運用していたのに対し、セキュリティカオスエンジニアリングではセキュリティインシデントを故意に発生させて、システムの脆弱性を理解します。

　セキュリティカオスエンジニアリングを実践していくことで、セキュリティインシデントの対応プロセスを改善し、効率かつ影響の少ないプロセスに成長させます。

　しかし、セキュリティカオスエンジニアリングだけ実施すればいいというわけではありません。**従来のセキュリティ対策である程度のセキュリティレベルを担保しつつ、並行してセキュリティカオスエンジニアリングを実践していくことで、よりセキュリティレベルが高いシステムや組織を創ることができます。**

6

セキュリティとカオスエンジニアリング

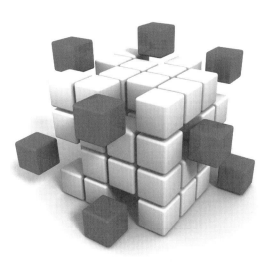

CHAPTER
07

海外および国内における
カオスエンジニアリングの動向

>>> **本章の概要**

　本章では、海外および国内でのカオスエンジニアリングの適用
状況・事例について紹介します。インターネット上でカオスエン
ジニアリングに関する多くの情報が入手できますが、その中でも
著者らが特に紹介したい事例およびサーベイ結果について解説
していきます。

海外における
カオスエンジニアリングの動向

　まずは、海外におけるカオスエンジニアリングの動向について紹介します。

　CHAPTER 01で述べたように、カオスエンジニアリングはNetflixという先駆者によって始まりました。その後、海外のカンファレンスでも関連するセッション講演が多く実施されております。たとえば、AWSが開催している年次イベントであるAWS re:Inventにて、2012年よりカオスエンジニアリング関連セッションが講演されています。下記に2012年、2013年および2014年のAWS re:Inventでのカオスエンジニアリング関連セッションのタイトルを記載します。

- AWS re:Invent 2012: ENT 101- Embracing the Cloud
  - URL https://www.youtube.com/watch?v=tDsVNd8ewnQ&t=4s

- AWS re:Invent 2012: Intro to Chaos Monkey and the Simian Army
  - URL https://www.slideshare.net/
    AmazonWebServices/arc301netflixsimianarmy

- AWS re:Invent 2013: Development Patterns for Iteration, Scale, Performance and Availability
  - URL https://www.youtube.com/watch?v=jCanhyFDopQ

- AWS re:Invent 2014: Embracing Failure: Fault-Injection and Service Reliability
  - URL https://www.youtube.com/watch?v=wrY7XoOnysg

　上記のような海外でのカンファレンスでの発表に加え、2016年にはNetflix社による論文『Chaos Engineering』が公開されました。

- Chaos Engineering
  - URL https://doi.org/10.1109/MS.2016.60

海外におけるこれらのカンファレンスや論文発表を受けて、日本でも多くの企業がカオスエンジニアリングに興味を示し、調査・研究を行ってきております。

2021年1月に、Gremlin社より『State of Chaos Engineering』と題したレポートが公開されました。以降でそのレポートの紹介を中心に、海外のカオスエンジニアリングの動向を見ていくことにします。

『State of Chaos Engineering』レポート

Gremlin社が2021年1月に『State of Chaos Engineering』レポートを発行しました。

- State of Chaos Engineering
  - URL https://www.gremlin.com/
    state-of-chaos-engineering/2021/

なお、レポートの入手には登録が必要となります。下記の2つの記事でレポートの紹介がされているので、まずはそちらを読まれるのもいいでしょう。

- The State of Chaos Engineering in 2021
  - URL https://www.gremlin.com/blog/
    the-state-of-chaos-engineering-in-2021/

- Gremlin Releases State of Chaos Engineering 2021 Report
  - URL https://www.infoq.com/news/2021/02/
    chaos-engineering-2021-report/

このレポートは、400件以上のサーベイ結果およびGremlin社が保有するデータを基に作成され、主にソフトウェアおよびサービスを提供するさまざまな規模および職種の企業がサーベイに回答しています。サーベイに回答した企業の50%近くが1000人以上の従業員規模の会社であり、20%近くが1万人以上の従業員を抱える企業です。レポート発行には、Gremlin社に加え、Dynatrace、Epsagon、Grafana Labs、LunchDarkly、およびPagerDutyといった会社が協力しています。

　レポートの中で特筆すべきなのは、「カオスエンジニアリングによって得られるメリットは、可用性の向上と平均修復時間（MTTR）の短縮」であること、「最高のパフォーマンスを発揮するカオスエンジニアリングチームは、1時間未満の平均修復時間（MTTR）にて、99.99％の可用性を誇っている」ことです。

　下記でもう少し詳しくレポートの中身について見ていきます。

◆ 主な調査結果

　主な調査結果としては下記が挙げられます。

- 「可用性の向上」と「MTTRの短縮」は、カオスエンジニアリングの2つの最も一般的な利点
- カオスエンジニアリング実験を頻繁に実行したチームは、99.9％を超える可用性を備えている
- 平均修復時間（MTTR）が1時間未満のチームが全体の23％、MTTRが12時間未満のチームが全体の60％
- ネットワーク攻撃が最も一般的に実行される実験であり、報告されている上位の障害にも沿っている
- サーベイ回答者の大多数（60％）は少なくとも1回のカオスエンジニアリング実験を実行している
- サーベイ回答者の34％が本番環境でカオスエンジニアリング実験を実行している

　サーベイ結果から、カオスエンジニアリング実施による「可用性の向上」および「MTTRの短縮」という2つのメリットが浮き彫りになりました。これら2つの両方あるいはいずれかを対応すべき課題として挙げている場合には、カオスエンジニアリングの導入を積極的に検討する価値があるといえます。

　以降では、サーベイ回答の集計および考察について解説します。

◆ サービス障害の主な原因

サービス障害の最も一般的な原因としては、「品質の悪いコードの本番環境への適用」および「依存関係の問題」の2つがあります。そして、これらは相互に排他的ではありません。あるチームによる不正なコードの本番環境への適用は、別のチームのサービス停止を引き起こす可能性があります。したがって、独立しているサービスが連携して作動するシステムにおいては、障害に対する回復力について、すべてのサービスをテストすることが重要となります。

遅延やブラックホール(IPパケットのドロップ)などのネットワークに関するカオス実験を実行することで、依存関係を明確にし、システムが分離されていることを確認します。それにより、サービス停止の影響を最小限に抑えることができます。

なお、上記の考察は下記の質問から得られたものです。

● サービスの平均可用性はどれくらいですか?
● 1カ月あたりの重大度の高いインシデント(Sev 0および Sev 1)の平均数は?
● 解決までの平均修復時間(MTTR)はどれくらいですか?
● インシデント(Sev 0, Sev 1)の何パーセントが次の原因で発生していますか?
　○ 不正なコードのデプロイ(例：本番環境にデプロイされたコードのバグがインシデントの原因)
　○ DB以外の内部依存関係の問題(例：自社が運営するサービスが停止)
　○ 構成の不備(例：クラウドインフラストラクチャまたはコンテナーオーケストレーターの設定ミスがインシデントの原因)
　○ ネットワークの問題(ISPやDNSの停止など)
　○ サードパーティの依存関係の問題(DB以外)(例：支払い処理業者への接続の喪失)
　○ マネージドサービスプロバイダーの問題(例：クラウドプロバイダーのAZの停止など)
　○ マシン/インフラストラクチャの障害(オンプレミス)(例：停電)
　○ データベース、メッセージング、またはキャッシュの問題(例：インシデントにつながるDBノードの紛失)
　○ 不明

◆ 監視方法および可用性/パフォーマンスレポート受領者の分析

組織によって可用性の監視の取り組みは異なりますが、多くの組織が複数の監視方法と指標を使用しており、回答者全員が可用性を監視していると答えています。

たとえば、Netflixのトラフィックは非常に一貫しているため、パターンから逸脱していた場合はサービスの停止を示唆します。

Googleの場合は、Real User Monitoring（RUM）を使用して、1回の停止が大きな影響を与えたかどうか、または複数の小さなインシデントがサービスに影響を与えているかどうかを判断し、インシデントの原因をより詳細に分析しています。

- ● Real User Monitoring
  - URL https://en.wikipedia.org/wiki/Real_user_monitoring

ただし、ほとんどの企業は、NetflixやGoogleのような、一貫したトラフィックパターンと高度な統計モデルを持ち合わせていません。

そのため、多く（65%近く）の企業では、合成モニタリング（Synthetic monitoring）を使用してサービスの稼働時間を監視する方法が最も一般的な方法とされています。

- ● Synthetic Monitoring
  - URL https://en.wikipedia.org/wiki/Synthetic_monitoring

可用性およびパフォーマンスに関するレポートを誰が受け取るかという質問に対し、運用チームが受け取ると回答した割合（可用性レポート：61.4%、パフォーマンスレポート：53.4%）と開発チームが受け取ると回答した割合（可用性レポート：54.4%、パフォーマンスレポート：54.1%）が高いことがわかりました。これは、DevOpsの浸透により、運用と開発が近づいていることを示していると考えられます。

また、デジタル化が進み、オンラインユーザーエクスペリエンスが最優先とされるにつれて、経営幹部レベルのスタッフがレポートを受け取る割合が増えていると考えられます。

7
海外および国内におけるカオスエンジニアリングの動向

なお、上記考察は下記の質問から得られたものです。

- 可用性を定義するためにどのメトリックを使用しますか？
- 可用性をどのように監視しますか？
- 可用性に関するレポートを監視または受信するのは誰ですか？
- パフォーマンスに関するレポートを監視または受信するのは誰ですか？

◆ 頻繁にカオス実験を実行するチームは可用性が高い

カオス実験を頻繁に実施するチーム（トップパフォーマー）において、可用性は99.99%以上であり、MTTRは1時間未満でした。また、「カオス実験を実施したことがない」という回答は、可用性99.9%以上のチームでは25.7%であるのに対し、可用性が99%未満のチームでは49.4%でした。可用性が高いチームほど、カオス実験を実施している割合が多いといえます。つまり、カオス実験を頻繁に実行するチームは、実験を実行したことがないチームよりも高いレベルの可用性を備えています。

可用性を高めるために、チームがどのようなツールを使用しているかを調査した結果、「自動スケーリング」「DNSフェールオーバー」「ロードバランサー」「バックアップ」「デプロイメントのロールアウト（Blue/Greenデプロイメント、カナリア・デプロイメント、フィーチャー・フラグなど）」および「ヘルスチェックによる監視」が使用されていることがわかりました。可用性99.9%以上のチームは可用性99.9%未満のチームと比較し、「自動スケーリング」「DNSフェールオーバー」「マルチゾーン」「デプロイメント・ロールアウト」の利用が多くみられました。

マルチゾーンなどの一部の実施方法は実現方法としては高価ですが、「サーキットブレーカー」や「ロールアウト手法」などは、エンジニアリングの専門知識を使うことで比較的安価に実施できます。そのような比較的安価に実現できる方法を取り入れることで可用性をより向上できると考えられます。

なお、上記の考察は下記のサーベイから得られたものです。

- 可用性によるカオスエンジニアリング実験の頻度は？　月次、週次、日次（あるいはさらに頻繁）？
- 可用性向上に使用しているツールは？

◆ カオスエンジニアリングの進化・発展

2010年にNetflixがChaos Monkeyをシステムに導入しました。CHAPTER 01で記述したように、その後、カオスエンジニアリングは進化を遂げてきています。カオスエンジニアリング実験はホスト障害のみならず、対象をスタックの稼働・停止の障害にまで拡大してきました。

カオスエンジニアリングの進化に伴い、カオスエンジニアリングへの注目も高まってきています。Googleサーチでの「Chaos Engineering」の検索数の増加を比で表すと、2016年を1とした場合、2020年の検索数は24.3倍にも膨れ上がっています。

● 表7.1 Googleサーチでの「Chaos Engineering」の検索数の増加

年	検索数	比率
2016	1,290	1.0x
2017	6,990	5.4x
2018	19,100	14.8x
2019	24,800	19.2x
2020	31,317	24.3x

また、2020年には、Bloomberg（世界の最新金融ニュース、マーケット情報、市場の分析や、マーケットデータ、金融情報を提供しているニュースサイト）およびPolitico（政治に特化したアメリカ合衆国のニュースメディアであり、テレビやインターネット、フリーペーパー、ラジオ、ポッドキャストなどの自社媒体を通じてコンテンツを配信）のヘッドラインとしてカオスエンジニアリングが取り上げられました。

Gremlin社は、「Chaos Conf」と呼ばれるカオスエンジニアリングのイベントを主催しており、2020年10月開催では3500名以上の申し込みがありました。

- Chaos Conf 2019
  URL https://www.gremlin.com/chaos-conf/2019/

- Chaos Conf 2020
  URL https://www.chaosconf.io/

　レポートに記載されている上記イベントの他にも、カオスエンジニアリング関連のイベント(カンファレンス、ミートアップなど)が盛んに開催されるようになってきております。下記に海外の代表的なイベントを列挙します。詳細は各URLを参照してください。

- CNCF Chaos Engineering Meetup Group
  URL https://www.meetup.com/
  Chaos-Engineering-Meetup-Group/

- Chaos Carnival 2021
  URL https://www.chaosnative.com/chaoscarnival

- Chaos Carnival 2022
  URL https://chaoscarnival.io/

　レポート発行時点(2021年1月)において、GitHubにおけるカオスエンジニアリング関連プロジェクト数は200を超えており、スターの数は1万6000以上でした(上記数値の具体的な検索・集計方法がレポートに記載されていないため、2022年2月時点でのGitHubにおける最新情報を入手・集計することができませんでした)。

　パブリッククラウドベンダーから、カオスエンジニアリングをサポートするサービスが続々と発表・提供されております。

　AWSは、2020年12月のAWS re:Inventにて独自のパブリックカオスエンジニアリング製品である「AWS Fault Injection Simulator」を発表し、2021年3月に利用可能となりました。

- AWS Fault Injection Simulator
  URL https://aws.amazon.com/jp/fis/

　2021年11月にMicrosoft社は、「Azure Chaos Studio」と呼ばれるカオスエンジニアリングをサポートするサービスをパブリックプレビューで発表しました。

- Azure Chaos Studio
  URL https://azure.microsoft.com/ja-jp/services/chaos-studio/

7

海外および国内におけるカオスエンジニアリングの動向

また、クラウド技術サービスを提供しているベンダーからもカオスエンジニアリング対応ツールが提供されています。ここではその中の1つを紹介します。

Kubernetesの商用版であるOpenShift Container Platformを提供しているRed Hat社は、「Kraken」と呼ばれるカオスエンジニアリング対応ツールを提供しています。Krakenは、2017年に金融サービスのBloombergがオープンソース化したツール「PowerfulSeal」とOpenShift（およびKubernetes）のノードの死活監視を行うツール「Cerberus」を組み合わせたものです。詳細は下記のブログを参照してください。

●Introduction to Kraken, a Chaos Tool for OpenShift/Kubernetes
URL https://cloud.redhat.com/blog/introduction-to-kraken-a-chaos-tool-for-openshift/kubernetes

なお、CHAPTER 04にて、上記のツールを含む複数のツールを紹介しています。

IBM社から、「IBM's principles of chaos engineering」と題した技術記事が発行されています。

●IBM's principles of chaos engineering
URL https://www.ibm.com/cloud/architecture/architecture/practices/chaos-engineering-principles/

記事の中では、IBM社が考えるカオスエンジニアリングの8つの原則およびカオスエンジニアリング実施のための10個のステップを解説しています。先に紹介したChaos Confにおいても記事の内容をベースとしたセッションが行われました。

●IBM's Principles of Chaos Engineering - Haytham Elkhoja
URL https://www.youtube.com/watch?v=LzvOUNzv4Po

◆ カオスエンジニアリングの現在

　上述の通り、カオスエンジニアリングに注目が集まっており、サーベイ回答者の60%が、カオスエンジニアリング攻撃を実行したと述べています。

　カオスエンジニアリングの作成者であるNetflixやAmazonといった最先端かつ大規模な組織に加え、小規模なチームでのカオスエンジニアリング採用も見られ、カオスエンジニアリングを使用するチームの多様性も高まっています。従業員数が100人から1000人という小規模な組織においても、65%近くがカオス実験を実施していると回答しています。

　カオスエンジニアリングの採用にあたり、サイトリライアビリティエンジニアリング（SRE）チームが参画したと回答した組織が50%であり、アプリケーション開発チームが参画した組織は52%となっております。また、40%以上の組織でインフラストラクチャチームや運用チームの参画が見られました。さらに、10%以上の組織で役員レベルが参加していることもわかりました。

　障害・攻撃のタイプ・種類に関する回答から、ネットワーク攻撃（46%）やリソース攻撃（38%）がホスト障害（15%）よりもはるかに多く用いられていることが判明しました。また、依存関係への接続障害やサービスリクエストの増加（急増）をシミュレートすることへの関心が高いこともわかりました。

　カオスエンジニアリングの導入は初期段階ではあり、開発・テスト環境への導入が63%となっており、ステージング環境への導入が50%でした。本番環境への導入が34%となっており、今後は、さらに多くの組織が実験を本番環境に移行していくと考えられます。

　なお、上記考察は下記のサーベイから得られたものです。

- あなたの組織はどのくらいの頻度でカオスエンジニアリングを実践していますか？　月次、週次、日次（あるいはさらに頻繁）？
- カオス実験の実施にはどのチームが関わっていますか？
- 組織の何パーセントがカオスエンジニアリングを使用していますか？
- どのような環境（テスト・開発環境、ステージング環境、本番環境）でカオス実験を行いましたか？
- タイプ別（ネットワーク、リソース、ステート（ホスト障害）、アプリケーション）の攻撃の割合は？
- ターゲットタイプ別（ホスト、コンテナー、アプリケーション）の攻撃の割合は？

◆ カオスエンジニアリングのメリット

カオスエンジニアリング実験のやりがいの1つに、バグの発見または検証が挙げられます。

カオス実験を実施することで未知の問題が顧客に影響を与える前に問題を発見し、インシデントの根本原因を特定しやすくなり、パッチ適用プロセスを改善できます。

カオス実験は、「アプリケーションに悪影響を及ぼす密結合または未知の依存関係がある箇所」を特定するのに役立ちます。カオス実験を行ったことにより、平均修復時間（MTTR）の削減（45%）、平均検出時間（MTTD）の削減（41%）がなされ、アプリケーションの可用性が向上（47%）していることもわかりました。

なお、上記考察は下記のサーベイから得られたものです。

● カオスエンジニアリングを使用した後、どのようなメリットを経験しましたか？

◆ カオスエンジニアリング採用の阻害要因

カオスエンジニアリングを採用する阻害要因としては、「意識の欠如（20%）」「経験の欠如（20%）」「その他の優先事項（20%）」が挙げられ、「セキュリティの懸念」が12%でした。また、10%以上の回答者が、「何かがうまくいかないかもしれない」という恐れも阻害要因であると述べています。

カオスエンジニアリングの次の段階としては、カオス実験のプロセスをより多くのユーザーに理解してもらい、より多くの環境で安全にカオス実験ができるようにする必要があります。

カオス実験のプラクティスが成熟し、ツールが進化するにつれて、エンジニアやオペレーターが環境全体に対してシステムの信頼性を向上させるための実験を設計でき、実行するためのアクセスが容易になると予想されます。

前述のとおり、回答者の30%以上が本番環境でカオス実験を実行しており、今後、カオス実験はより頻繁に行われるようになり、自動化されていくことでしょう。

なお、上記考察は下記のサーベイから得られたものです。

● カオスエンジニアリングの採用あるいは適用範囲の拡大に対する最大の阻害要因は何ですか？

◆ レポートのデータソース

『State of Chaos Engineering』レポートのデータソースには、400以上の回答とGremlinの製品データを含む包括的な調査が含まれています。

調査の回答者は、主にソフトウェアとサービスのさまざまな業界、企業です。回答者の50%近くが1000人以上の従業員を抱える企業で働いており、20%近くが1万人以上の従業員を抱える企業で働いています。

この調査では、回答者の60%近くがクラウドでワークロードの大部分を実行し、CI/CDパイプラインを使用していることが浮き彫りになりました。また、コンテナとKubernetesは同様の成熟度に達していますが、サービスメッシュはまだ初期段階にあることが確認されました。アンケートにおいて、最も使われているクラウドプラットフォームはAWSが約40%で、GCP、Azure、オンプレミスが約11〜12%を占めていました。

なお、上記考察は下記のサーベイから得られたものです。

- あなたの会社では何人の従業員が働いていますか？
- あなたの会社は創業何年ですか？
- あなたの会社はどの業界でしょうか？
- あなたの役職は何ですか？
- 本番ワークロードの何パーセントがクラウドにありますか？
- CI/CDパイプラインを使用して本番ワークロードの何パーセントが展開されていますか？
- 本番ワークロードの何パーセントがコンテナを使用していますか？
- 本番ワークロードの何パーセントがKubernetes（または別のコンテナーオーケストレーター）を使用していますか？
- 本番環境の何パーセントがサービスメッシュを活用していますか？

調査結果に加えて、Gremlinユーザーの技術環境に関する情報をまとめることで、特定のツールやレイヤーがカオスエンジニアリング実験の対象となることが最も多いことがわかりました。

なお、上記考察は下記のサーベイから得られたものです。

- あなたのクラウドプロバイダーは何ですか？
- あなたのコンテナオーケストレーターは何ですか？

- あなたのメッセージングプロバイダーは何ですか?
- あなたの監視ツールは何ですか?
- あなたのデータベースは何ですか?

◆『State of Chaos Engineering』レポートに対する考察

　最後に、レポート全体に対する著者らのコメントおよび考察を述べることにします。

　まず第一に、カオスエンジニアリングに対する大規模な調査実施およびその考察という点で、現時点における最も貴重なデータであるといえます。400名以上の方からの回答に基づいており、カオスエンジニアリングに対する関心の高さがうかがえます。また、サーベイの主催者であるGremlin社が単独で実施したのではなく、IT業界を代表する複数の会社の協力を得て実施した点も注目に値します。

　2点目としては、カオスエンジニアリングの進化の速さが挙げられます。サーベイ実施は本書執筆の約1年前ですが、その後の進展も多く、常に最新情報に目を向けておくことが必要です。たとえば、レポートの中で記載されているAWS Fault Injection Simulator(レポート発行時点では発表のみ)は、本著執筆時点ではすでに利用可能となっており、非常に多くの情報がインターネット上に公開されております。また、前述した、AzureによるChaos Studioサービスの提供なども一例です。

　3点目としては、サーベイ対象としておそらくは日本企業は含まれていないと推測されます。今後、日本においても同様のサーベイが実施されることにより、日本企業へのカオスエンジニアリングの浸透を加速できると考えます。

　『State of Chaos Engineering』レポートを基に海外でのカオスエンジニアリングの導入状況を見てきました。続いて、日本におけるカオスエンジニアリングの導入について、インターネット上で公開されている情報を基に紹介していくことにします。

国内における
カオスエンジニアリングの動向

前節では海外のカオスエンジニアリングの動向について説明しました。本節では、国内におけるカオスエンジニアリングの動向について解説します。

まずは、日本国内における、カオスエンジニアリング関連のミートアップ、勉強会、発表会などについて紹介します。その後、日本においてカオスエンジニアリングを実践した事例を紹介します。

🟦 国内におけるカオスエンジニアリング関連の活動

日本国内において、さまざまな企業および有志によるミートアップや勉強会、セミナーなどが開催されています。下記にそれらの中のいくつかについて紹介します。

◆ DWANGO.JP CODE

ドワンゴジェイピー(dwangojp)が開催する勉強会「DWANGO.JP CODE」において、「障害でも止まらないサービスを実現するChaos Engineering入門勉強会」と題したイベントが2018年3月に開催されました。

- 障害でも止まらないサービスを実現するChaos Engineering入門勉強会
  URL https://techplay.jp/event/660869

「ちゃんと対策して開発環境のテストでも問題なかったのに、実際障害が発生したら思わぬところに穴があって大騒ぎ…なんて経験がある方は必聴です。「故意に障害を起こす」「すぐ復旧させる」を"日常的"に"本番"で実験することで本当の障害に備える、まさに「ITの避難訓練」とも呼べる「Chaos Engineering」について一緒に学びましょう。

Chaos EngineeringのWhat, Why, Howについて調べたことを紹介したいと思います。

Chaos Engineeringとは何か?何故必要とされているのか?

そしてその具体的な実践方法と重要な原則について、弊社での実践結果もご紹介しつつ、明らかにしていきます。

Chaosへの道の第一歩を踏み出せる!そんな内容にしたいと思っています。

◆ Tokyo Chaos Engineering Community

カオスエンジニアリングに興味を持つエンジニア同士が学び合うグループ
で、2018年4月に「第1回 カオスエンジニアリング入門 × 最新動向 × 実践
知」と題したミートアップを開催しました。

- Tokyo Chaos Engineering Community
  `URL` https://www.meetup.com/ja-JP/
  Tokyo-Chaos-Engineering-Meetup/

ミートアップでは、日本国内での2つの事例紹介が行われました。

- 「ProjectWEBでのカオスエンジニアリング実践」（富士通株式会社）
- 「The Road to Chaos - Great First Step」（株式会社ドワンゴ）

詳細については下記のページやレポートのブログを参照してください。

- 第1回 カオスエンジニアリング入門 × 最新動向 × 実践知（TECH PLAY）
  `URL` https://techplay.jp/event/667562

- 第1回 カオスエンジニアリング入門 × 最新動向 × 実践知（Meetup）
  `URL` https://www.meetup.com/
  Tokyo-Chaos-Engineering-Meetup/events/249416332/

- No profit grows where is no pleasure ta'en.:
  「第1回 カオスエンジニアリング入門 × 最新動向 × 実践知」に参加しました
  `URL` http://itagakishintaro.blogspot.com/2018/04/
  blog-post.html

富士通社の発表の中でカオスエンジニアリングに注目した経緯について次
のように述べています。

> 富士通クラウドにおいて障害によるシステム停止が発生した。そのため、ク
> ラウドにシフトしながらも信頼性をきちんと確保するために、カオスエンジ
> ニアリングに注目した。

また、次の6つのカオスエンジニアリングプロセスを繰り返し継続して回すことで、障害に強いシステムにしていく(アンチフラジャイル化)ができると述べています。

1 見える化
2 優先順位付け
3 仮説立て
4 実施
5 測定
6 学習と改善

◆ CloudNative Days Tokyo 2019

クラウドテクノロジーに関する国内最大級の年次イベントである「Cloud Native Days Tokyo 2019」(2019年7月開催)にて、「いつもニコニコあなたの隣に這い寄るカオスエンジニアリング!」と題して、NTT Communications社よりカオスエンジニアリングの解説が行われました。

● いつもニコニコあなたの隣に這い寄るカオスエンジニアリング!
URL https://speakerdeck.com/mahito/cndt-osdt-2019-2g1

下記は講演説明からの抜粋です。

カオスエンジニアリングは分散システムにおいて障害状態を意図的に作り出し、その状態においてシステムの脆弱性を発見し、改善することでシステムの信頼性を保つためのアプローチです。Resilienceなシステム開発のために、Microservicesなどの分散システムに携わる開発者、運用者に次の3つを紹介しています。
カオスエンジニアリングの概要
カオスエンジニアリングでできること
カオスエンジニアリングを実現するツールの紹介

講演の中で、「カオスエンジニアリングは疫学、予防医学のようなものである」と述べています。これは、CHAPTER 02の「カオスエンジニアリングの本質」(28ページ)の説明と共通しています。

さらに、「カオスエンジニアリングは新しい情報を作り出すためのアプローチであって、Resilienceの確認や証明するアプローチではない」「カオスエンジニアリングで問題を知り、解決することでResilienceなシステムを作る」と説明しています。

◆ AWS Dev Day Tokyo 2019

2019年10月に開催された「AWS Dev Day Tokyo 2019」にて、カオスエンジニアリングに関するセッション講演が行われました。AWS Dev Day Tokyo 2019は、アプリケーション開発者を対象にしたカンファレンスイベントで、AWSを取り巻くアプリケーション開発者を対象に、より実践的な知見、知識の習得を目的としており、モダンなアプリケーション開発をする上で役立つ情報やトレンドなども含まれます。

- AWS Dev Day Tokyo 2019
  URL https://aws.amazon.com/jp/blogs/news/introduction-to-aws-devday-tokyo-2019/

「Chaos Engineering 〜入門と実例〜」と題し、カオスエンジニアリングの歴史やエコシステムの紹介、実際の現場での実践事例、今後のカオスエンジニアリングに対する取り組みについて、アマゾンウェブサービスジャパン合同会社および株式会社Cygamesから説明がありました。

- Chaos Engineering 〜入門と実例〜
  URL https://pages.awscloud.com/rs/112-TZM-766/images/E-2.pdf

◆ Chaos Conf 2019 Recap勉強会

2019年11月にAWS Startup Loft Tokyoにて「Chaos Conf 2019」のRecap勉強会が開催されました。

- Chaos Conf 2019 Recap 勉強会
  URL https://aws.amazon.com/jp/blogs/news/chaos-conf-2019-recap-aws-loft-tokyo/

　前節「海外におけるカオスエンジニアリング動向で」紹介した「Chaos Conf 2019」は、2019年9月にサンフランシスコで開催されたカオスエンジニアリングをテーマにしたGremlin社主催の技術カンファレンスです。このRecap勉強会では、Chaos Conf 2019に日本から参加した方々により、各セッションの内容についての紹介が行われました。

　「Chaos Engineeringという考え方 / A concept of Chaos Engineering」のセッションではカオスエンジニアリングの基本的な考え方およびその変化について、Chaos Confの内容を交えて説明しています。

- ●Chaos Engineeringという考え方 / A concept of Chaos Engineering
  - URL https://speakerdeck.com/mahito/
    a-concept-of-chaos-engineering

　「Chaos Conf 18' to 19'」のセッションではChaos Confに2年連続で参加した方が、それぞれの違いや推奨セッションなどについて紹介しています。

- ●Chaos Conf 18' to 19'
  - URL https://speakerdeck.com/cygames/chaos-conf-18-to-19

　「What is suitable for Chaos Engineering?」のセッションではカオスエンジニアリングはどのような業界やシステムに採用されており、または採用しやすいのかを紹介しています。

  - URL https://speakerdeck.com/fumihiko/what-is-suitable-
    for-chaos-engineering-chaosconf-2019-recap

◆ Chaos Engineering読書会
　「Chaos Engineering読書会」は、2020年4月から12月にかけて開催（全9回）されたカオスエンジニアリングに関する読書会です。

- ●Chaos Engineering読書会
  - URL https://javaee-study.connpass.com/event/170927/

7

海外および国内におけるカオスエンジニアリングの動向

　JavaEE勉強会が月1回のペースで定期的に開催している勉強会において、上記期間で『Chaos Engineering』(O'Reilly Media, Inc.)の内容を勉強会で議論しました。

- JavaEE勉強会 創立 2004年

　　URL https://javaee-study.connpass.com/

- Chaos Engineering

　　URL https://learning.oreilly.com/library/view/
　　　　　　　chaos-engineering/9781492043850/

◆「はじめてのカオスエンジニアリング」ウェビナー

　クラスメソッド社が「はじめてのカオスエンジニアリング」と題して、初心者向けウェビナーを開催しています。初回は2020年8月に開催され、その後、複数回、再開催されております。

- はじめてのカオスエンジニアリング

　　URL https://dev.classmethod.jp/news/
　　　　　　　　　200827-gremlin-webinar/

　下記はセミナー概要の抜粋です。

デジタルトランスフォーメーションが進む中、DevOpsのサイクルが急激に早まる一方で、レジリエンス(しなやかな強さ)が必要とされています。
自社環境に障害を起こして弱い点を洗い出し、急激な負荷が掛かっても耐えられるシステム作りのためのカオスエンジニアリングのご紹介となります。
カオスエンジニアリングツール「Gremlin」を使用して意図的に障害やエラーを発生させることで改善点を発見することができ、より安定性が高く堅牢なサービス提供環境作りに向けた対策をとれるようになります。
特にクラウドネイティブでの開発を行い、リリースサイクルを早めることをねらうモダンアプリケーション開発では、プロトタイプのテスト運用時に効率よく脆弱性や運用上の弱点を発見し改修することが求められるため、カオスエンジニアリングツールの必要性が高まっています。

◆ Ansible Automates Tokyo 2020

Red Hat社が主催した「Ansible Automates Tokyo 2020」（2020年6月開催）において、日本ヒューレット・パッカード社が「カオスエンジニアリングをベアメタルで始めよう!」と題して講演を行いました（下記URL参照）。

> URL https://www.redhat.com/ja/about/videos/
> ansible-automates-tokyo-2020-day1-hewlett-packard

> URL https://www.youtube.com/watch?v=-2qYx9_KYmk

これまで紹介してきたカオスエンジニアリング関連ツールやサービスの多くが、クラウド環境を主なターゲットとしております。それに対し、本セッションでは、オンプレミスに焦点を当てたカオスエンジニアリングの実践について解説しています。

上記のとおり、コミュニティによるミートアップ、勉強会や、企業主催のカンファレンスにおけるカオスエンジニアリングに関するセッションなど、カオスエンジニアリングに関する活動は非常に活発に行われてきております。本書で取り上げた活動はそれらの中の一例にすぎず、それ以外にも日々新しい活動が行われ、活動成果が発表されています。

次項では、日本国内におけるカオスエンジニアリングの実践事例を紹介します。

◉ 国内におけるカオスエンジニアリングの実践事例

日本国内における事例として、「クックパッド株式会社（以下、クックパッド）」「株式会社Cygames（以下、Cygames）」「株式会社ジェーシービー（以下、JCB）」「株式会社ユーザベース（以下、ユーザベース）」の実践事例を紹介します。

◆ クックパッドにおけるカオスエンジニアリング実践

日本最大級の料理レシピ検索・投稿サービスを提供している「クックパッド」は、2018年8月に「Chaos Engineering やっていく宣言」を公開しました。

> ● Chaos Engineering やっていく宣言 - クックパッド開発者ブログ
> URL https://techlife.cookpad.com/entry/2018/08/02/110000

　宣言の中で、カオスエンジニアリングが必要となった背景、および実施する理由を述べています。

> クックパッドでは、プロダクト開発規模の拡大および開発速度に限界が出てきたため、マイクロサービスアーキテクチャーを採用しました。その後、マイクロサービスの利用が進み4年間ほどで80個近くのマイクロサービスが緩く連携して稼働するようになりました。その結果として、連携して稼働しているサービスのどこかで障害が発生した際、その影響がどこまで及ぶかを把握することが容易ではなくなってきました。
> そこで、カオスエンジニアリングを導入することでサービスの耐障害性に自信を持てるようにし、日常的に障害をエミュレートすることで耐障害性の高いサービス開発を開発者に要求するようにしました。そして、可用性の高いシステムを作り、不具合を早く発見し改善するためにカオスエンジニアリングの導入を宣言しました。

　上記の宣言を発表した後、クックパッドのカオスエンジニアリングに対する取り組みは、多くの記事で取り上げられております。下記にいくつかの記事を紹介します。

● 日本企業が「カオスエンジニアリングやっていく宣言」を出せた理由
　2018年10月に@ITで『日本企業が「カオスエンジニアリングやっていく宣言」を出せた理由』が公開されました。
　● 日本企業が「カオスエンジニアリングやっていく宣言」を出せた理由
　URL https://atmarkit.itmedia.co.jp/ait/articles/
　　　　　　　　　1809/27/news012.html

　前述の「Chaos Engineering やっていく宣言」を執筆・発表した担当者に対するインタビュー記事です。記事の中では、クックパッドがカオスエンジニアリングを導入するに至った経緯、カオスエンジニアリングへの取り組みの現状などが述べられています。著者らが記事の中で特に印象に残った記述を以下に抜粋します。

7
海外および国内におけるカオスエンジニアリングの動向

「カオスという名前のせいで誤解されがちですが、カオスエンジニアリングは本番環境を壊すことを目的としているわけではありません。あれはあくまでも手段であって、可用性の高いシステムを作るためにやっているんです。ただいたずらにシステムに混乱を引き起こすもの、という誤解に引きずられてしまうのはもったいない。（中略）実際に障害が起きたとき、何が起こるかわからない環境で対処できるんですか。だったら今のうちに障害を起こしておいた方が楽ですよね。」

上記のコメントは、CHAPTER 02の「カオスエンジニアリングの本質」（28ページ）における次の説明とも類似しています。

カオスエンジニアリングの本質的なところは、システムを壊すことではなくシステムについて学習することです。障害をランダムに発生させるとしても、サービス提供への影響を最小限にしつつ、インシデント対応による事後学習ではなく、未知の挙動をプロアクティブに発見することが重要です。

● Cookpad TechConf 2019:Re:silienceから始めるカオスエンジニアリング生活

2019年2月のCookpad TechConf 2019にて『Re:silienceから始めるカオスエンジニアリング生活』という講演がありました。

　● Re:silience から始めるカオスエンジニアリング生活
　　URL https://techconf.cookpad.com/2019/
　　　　　　　　　　　　takuya_kosugiyama.html

この講演の中で、次のような説明がありました。

"Known unknowns"の状態、すなわち「システムAが応答しなくなることを知っているが、他のシステムにどれくらい影響を及ぼすか知らない」という状況に対して、Fault Injection Testingを実施し、"Known unknowns"の検証・改善から始める。

　Donald Rumsfeldが提唱した「Known knowns / known unknowns」
は、システム運用において重要な考え方です。「Known unknowns」につ
いては、CHAPTER 02の「認識と知識の分類について」(25ページ)でも詳
しく解説しているので、参照してください。

● RUMSFELD / KNOWNS
　URL https://www.youtube.com/watch?v=REWeBzGuzCc

　さらに、次のようにも述べています。

> Cookpadにとって、カオスエンジニアリングはマイクロサービスで発生す
> る障害に対するプロアクティブなアプローチである。

　本書でもCHAPTER 02の中で次のように説明しており、クックパッドの考
え方とよく似ています。

> カオスエンジニアリングは、システム全体の異常な動作によりユーザー影
> 響が発生する前に、システムの弱点を見つけ修正しようとする試みです。

● 「カオスエンジニアリングはサーバーを落とすことではない」クックパッドから学
ぶ、マイクロサービス化への最適な障害対策
　2019年4月にエンジニアtypeにて『「カオスエンジニアリングはサーバー
を落とすことではない」クックパッドから学ぶ、マイクロサービス化への最適な
障害対策』という記事が公開されました。
　URL https://type.jp/et/feature/10299/

　前述のCookpad TechConf 2019の講演者に対するインタビュー記事
です。記事の中で、次のように述べています。

> 「カオスエンジニアリングは本番環境を壊すことを目的としているわけでは
> ありません。あくまでも手段であって、可用性の高いシステムを作るため
> に必要な障害対策です。マイクロサービスで発生する障害に対するプロア
> クティブなアプローチとして、クックパッドではカオスエンジニアリングが必
> 要になりました」

上記メッセージは、CHAPTER 02の「本章のまとめ」（30ページ）の記載と共通しています。

> カオスエンジニアリングを用いてシステムをプロアクティブに調査し、システムの可用性と回復力を高めることにより、運用上の負担も軽減します。

● カオスエンジニアリングを導入したクックパッドの挑戦 マイクロサービス化に伴う可用性の低下に対応

2020年9月にエンジニアHubにて「カオスエンジニアリングを導入したクックパッドの挑戦 マイクロサービス化に伴う可用性の低下に対応」という記事が公開されました。

- ● カオスエンジニアリングを導入したクックパッドの挑戦 マイクロサービス化に伴う可用性の低下に対応
  - URL https://eh-career.com/engineerhub/entry/2020/09/24/103000

クックパッドにてカオスエンジニアリングに取り組んでいる2名に対するインタビュー記事です。記事の中で、多くの有益な知見について紹介されています。その中でも著者らが特に重要と思われる部分を下記に引用します。

> 「カオスエンジニアリングに取り組む際には社内調整を適切に行うことが大切になると思います。（中略）カオスエンジニアリングによって何を解決したいのかと、その取り組みによってどれくらいサービスを改善できるのかを社内の関係者に説明できるようになってから実施しなければ、効果が薄くなってしまいます。

著者らもカオスエンジニアリングの実施に際し、組織内の賛同と協力を得ることが必要と考えており、CHAPTER 08の「認識を変える」（174ページ）で詳しく説明します。

SECTION-32 ● 国内におけるカオスエンジニアリングの動向

「(中略)普段は正常に動作しているけれど、何かのきっかけでシステムが不安定になってしまう。つまり障害や大量アクセスが起きたときでないと脆弱性が見つからないようなケースにおいて、カオスエンジニアリングという手法が効果的になるはずです。」

上述の通り、クックパッドのカオスエンジニアリングへの取り組みは、国内における初期の事例として取り上げられており、多くの企業・組織がカオスエンジニアリングに関心を持つきっかけとなったのではないでしょうか。

◆ Cygamesにおけるカオスエンジニアリング実践

2018年12月に開催された Amazon Game Developers Dayにおいて、「モバイルゲームにおけるカオスエンジニアリング実践に向けて」と題して、Cygamesにおけるカオスエンジニアリングの取り組みが紹介されました。

- Amazon Game Developers Day
  URL https://gamingtechnight.connpass.com/event/106689/

- モバイルゲームにおけるカオスエンジニアリング実践に向けて
  URL https://speakerdeck.com/cygames/
  mobairugemuniokerukaosuenziniaringushi-jian-nixiang-kete

講演の中で、カオスエンジニアリングを導入した理由について次のように述べております。

なぜ導入したかというと、運用しなければならないタイトル(サービス)が年々増加しており、サービス運用中の障害発生は不可避となってきているため、プロアクティブな障害対応が必要となってきたためです。
大規模な障害が発生すると「ゲームブランドに対する信頼低下」「ユーザエクスペリエンスの低下」「機会損失」となります。
そのため、障害発生に対して事前の対処をしたいというのが導入した理由です。

また、カオスエンジニアリングについて次のようにまとめております。

7

海外および国内におけるカオスエンジニアリングの動向

・ITシステムの障害訓練
・信頼性・可用性・保守性の向上
・システムを無秩序に故障させることではない

　著者らは、CHAPTER 02の「カオスエンジニアリングの本質」(28ページ)の中で次のように説明しており、前述のCygamesが述べているカオスエンジニアリングの考えと合致しているといえます。

カオスエンジニアリングの原則やこれまでのところでも紹介したように、カオスエンジニアリングの本質的なところは、システムを壊すことではなくシステムについて学習することです。障害をランダムに発生させるとしても、サービス提供への影響を最小限にしつつ、インシデント対応による事後学習ではなく、未知の挙動をプロアクティブに発見することが重要です。そのためにも、綿密な実験計画を立ててコントロールできる状態にて実施します。プロアクティブに計画した障害を起こし、システムが耐えられるか観察し続けるという取り組みによりシステムの信頼性を検証していきます。そこでの気づきに対して改善を行っていくことで、信頼性を高める方法論として確立されてきました。

　実施したカオス実験の事例として、「開発フェーズでの事例」「インフラチームでの事例」の2つを紹介しています。
　下記に、開発フェーズの事例について抜粋・要約します。

・実施対象は開発環境もしくはサービス影響のないシステムであり、本番環境に対しては未実施
・モニタリング対象は、「リソース」「処理」「応答」であり、それぞれ「Mackerel」「NewRelic」「ElasticSearch」をモニタリングツールとして使用
・実施方法としては、タスクフォース的に招集し、週1回のミーティングで反省と今後のアクションを決定
・実験対象のアーキテクチャは「Web/Cache/Database」で、モノリスな構成

7

海外および国内におけるカオスエンジニアリングの動向

　資料の中で、カオス実験の例として「RDS Failover」「ElastiCache Reboot」「EC2上のプロセス停止」の3つを紹介していますが、実際には数多く（数百項目）の実験を実施しています。

　カオスエンジニアリングを導入するメリットについて次のように述べています。

・信頼性・可用性・保守性の向上
・SPOF・脆弱性認知
・障害発生を前提としたコード実装

　なお、プロダクション環境でカオス実験を実践するための課題として下記を挙げています。

・プロダクトチームとの交渉
・モノリスからマイクロサービスへ
・影響範囲の最小化
・自動化

　上記の「影響範囲の最小化」ですが、著者らも重要なトピックと考えており、CHAPTER 03の「影響範囲を局所化する」（38ページ）で解説をしています。また、「自動化」についても、CHAPTER 03の「継続的に実行する検証の自動化」（45ページ）の中で自動化の重要性を説明しており、著者らの考えと共通しています。さらに、講演者は「Amazon Game Developers Day 2018 フォローアップ」と題して、上記セッションの中で説明しきれなかった内容の補足説明を実施しています。

- Amazon Game Developers Day 2018 フォローアップ
  URL https://tech.cygames.co.jp/archives/3178/

◆ JCBにおけるカオスエンジニアリング実践

　「CloudNative Days Tokyo 2021」（2021年11月開催）にて発表されたJCBが取り組んできているカオスエンジニアリングに関して紹介します。

- カオスエンジニアリングによる高信頼を目指して〜クレジットカード会社がChaosMeshを使ってみて | CloudNative Days Tokyo 2021
  URL https://event.cloudnativedays.jp/cndt2021/talks/1259

　発表の中で、JCBがカオスエンジニアリングに取り組むに至った背景、モチベーションについて次のように述べています。

これまで以上にサービスを高信頼化する施策の実施が必要
1. システムが複雑化し、障害点が増え、事前にすべてを考慮するのが難しい
2. 外部サービスや共有リソースを含んだ障害テストは困難
3. 障害テストを頻繁に実施するのは難しい

　その上で現状を考察し、次の仮説を立てました。

昔はステージング環境と本番環境の構成は異なっていたが、今日では、クラウド、Kubernetes、IaCなどの使用によりステージング環境と本番環境はほぼ同じであるため、カオス実験の対象が本番環境ではなくステージング環境であったとしても「既知障害の運用訓練」や「未知障害の検出」など、得られるものは十分にあるはず。

　JCBが立てた上記の仮説ですが、CHAPTER 03の「本番環境で検証を実行する」(43ページ)の下記の記述からも妥当な仮説であったと著者らは考えます。

まずは、ステージング環境で実験を開始することを推奨します。ステージング環境での実験でカオスエンジニアリングの実践スキルやシステムの回復力に自信を付けていきます。
　そして、ステージング環境と本番環境差異を小さくしていき、徐々に本番環境への適用に移行していきます。カオスエンジニアリングというと本番環境で障害を発生させるということで、そもそも導入に関する検討すらしない組織があります。
　この原理のトピックも「本番環境で検証を実行する」ですが、まだ大半の企業が、本番環境ではなく、ステージング環境で実施しているようです。まずは、ステージング環境で実験を開始してスキルと経験を付けるところから開始しても、十分にトップパフォーマーとなることが可能です。

　新しい取り組みは小さなことから始めて、チーム・組織内で徐々に自信をつけていくことが、文化的な変化が必要な取り組みを成功させるためには重要となります。

　JCBにおけるカオスエンジニアリングの取り組みは次の4段階に分けられ、発表時点では第1段階でした。

1. ステージング環境での導入にむけたカオスエンジニアリング PoC
2. ステージング環境で大規模化かつ経験を積む
3. ステージング環境で自動化を組み込んだ高頻度化
4. 本番環境でサービスのSLOに基づいた実践

　JCBでは、障害注入のためにChaos Meshと呼ばれるオープンソースを使用しました。Chaos Meshについては、CHAPTER 04の「カオスエンジニアリングツールの紹介」(56ページ)でも紹介しています。

◆ ユーザベースにおけるカオスエンジニアリング実践

　最後に、ユーザベースが実践した事例について、はてなニュースに掲載されたインタビュー記事を基に紹介します。

・カオスエンジニアリングを組織にも適用。アンチフラジャイルなシステムを目指してユーザベースが発見した問題とは？

　　URL https://hatenanews.com/articles/2021/12/15/103000

　ユーザベースは、アンチフラジャイル(antifragile、反脆弱)なシステムを目指してカオスエンジニアリングを導入しています。想定外な事態が起きても対応できるアンチフラジャイルなサービスとチーム作りを目指しており、カオスエンジニアリングをシステムに適用し、さらには組織に対しても取り入れました。記事の中では、前半でシステムに対してカオスエンジニアリングを適用した際の話を述べ、後半ではカオスエンジニアリングの手法を組織に適用した経験について説明しています。

　下記に記事の内容から著者らが特筆すべきと考える内容を引用・要約します。

ある特定のサービスにのみカオスエンジニアリングを適用しており、他の
サービスへの展開は実施していませんが、他のサービスへの展開は可能
だと考えています。また、ステージング環境への導入に留まっており、本番
環境にはこれから適用しようと取り組んでいます。その後、同規模の他サー
ビスへの展開を考えています。ステージング環境はできるだけ本番環境と
同等にして、社内からアクセスしたり、負荷試験的なこともしています。た
だし、本番環境とまったく同じではないため、最終的には本番環境へもカ
オス実験を適用し確認したいと考えています。

　ユーザベースが取ったアプローチは、著者らがCHAPTER 03で述べた内
容ととてもよく似たアプローチです。CHAPTER 03の「本番環境で検証を
実行する」(43ページ)では、次のように説明しています。

　カオス実験をステージング環境で実験している場合は、その環境への信
頼性を構築していることになります。ステージング環境と本番環境に差異
がある限り、本番環境への信頼性向上は大きく期待できません。このため、
最先端のカオスエンジニアリングは本番環境で実施します。しかし、計画的
な障害であっても本番環境に対して影響を与えることが許されないシステ
ムも多くあります。また、カオス実験のスキルがない状態で、いきなり本
番環境で実施して環境を破壊しては、カオスエンジニアリングの信用を失っ
てしまいます。
　ステップ1でも説明した通り、まずは、ステージング環境で実験を開始す
ることを推奨します。ステージング環境での実験でカオスエンジニアリング
の実践スキルやシステムの回復力に自信を付けていきます。
　そして、ステージング環境と本番環境差異を小さくしていき、徐々に本
番環境への適用に移行していきます。

　記事の中ではさらに次のように述べています。

7

海外および国内におけるカオスエンジニアリングの動向

障害の注入には、Litmusと呼ばれるオープンソースのカオスオンジニアリングプラットフォームを使用し、5分に1度、自動的に障害を注入しています。カオス実験を開始した当初は実施の宣言を行った後に実験を開始し、発見された問題の改善を行いました。その後、高い頻度で継続的にカオス実験を実施するようにし、現在は5分ごとに実施しています。

ユーザベースでは、CHAPTER 04の「カオスエンジニアリングツールの紹介」(56ページ)で紹介しているLitmusを使用しています。そして、CHAPTER 03の「継続的に実行する検証の自動化」(45ページ)で推奨しているように、「継続的に実験を行い、振る舞いの変化を確認し続けることが、システムのレジリエンスを向上させる」ことを実践しています。

継続的にカオス実験を実施することは「Continuous Chaos(継続的なカオス)」と呼ばれています。

- Chapter 12. Continuous Chaos, Learning Chaos Engineering, O'Reilly

  URL https://learning.oreilly.com/library/view/
  learning-chaos-engineering/9781492050995/

- Continuous Chaos - Introducing Chaos Engineering into DevOps Practices

  URL https://medium.com/capital-one-tech/
  continuous-chaos-introducing-chaos-engineering-
  into-devops-practices-75757e1cca6d

- Continuous Chaos: Never Stop Iterating

  URL https://www.gremlin.com/blog/
  continuous-chaos-never-stop-iterating/

記事の後半では、組織に対してカオスエンジニアリングを適用した経験について述べられています。

システムだけでなく、エンジニア組織においてもカオスエンジニアリングを応用した改善プロセスに着手しており、キーパーソンがいなくなってもプロジェクトはうまく動き続けるかを検証するために、キーパーソンに実際にプロジェクトから外れてもらうことで確認しています。組織に対してカオスエンジニアリングを適用するきっかけとなったのは、Googleが組織面でもカオスエンジニアリングを導入したという記事を読んで「すごいな」と思ったことです。

Chaos Conf 2019において、Googleが「従業員に対してもカオスエンジニアリングを実践している」と発表しました。

- Dave Rensin: Chaos Engineering for People Systems - Chaos Conf 2019

  URL https://www.gremlin.com/blog/
  dave-rensin-chaos-engineering-for-people-
  systems-chaos-conf-2019/

- 上記の講演内容の動画

  URL https://www.youtube.com/watch?v=sn6wokyCZSA

なお、組織に対するカオスエンジニアリングの適用について、CHAPTER 08の「人・プロセスに対する導入」（183ページ）で詳しく説明しております。

ユーザベースがどのように組織に対してカオスエンジニアリングを適用しているかについて、次のように述べています。

チームに長くいる人や特定の技術に詳しくて頼られている人など、キーパーソンをチームから1週間、完全に隔離して互いにコミュニケーションが取れない状態にします。そして、組織にどういう問題があるかをあぶり出す。一度キーパーソンがチームから抜けて問題をあぶり出した後、再び同じ人が1カ月後にチームから抜けて、どう改善されたかを確認するというサイクルです。抜ける期間を「カオスエンジニアリングウィーク」と呼び、これを四半期ごとに定期的に実施しています。

7

海外および国内におけるカオスエンジニアリングの動向

本章のまとめ

　本章ではまず、『State of Chaos Engineering』レポートを基に海外におけるカオスエンジニアリングの動向について紹介しました。その後、日本国内におけるカオスエンジニアリングの動向について事例を含めて紹介しました。

　本章前半で紹介した「Gremlin」「AWS Fault Injection Simulator」「Azure Chaos Studio」などのマネージドサービスは非常に注目を集めており、日本国内でもそれらに関する数多くの技術記事が公開されています。パブリッククラウド上でマイクロサービスを運用している企業にとっては、それらのマネージドサービスを利用することでカオスエンジニアリングを比較的容易に開始することができるため、今後のカオスエンジニアリング普及の手助けになると思われます。

　カオスエンジニアリングを推進するエンジニアは「カオスエンジニア」と呼ばれ、Netflixでは2014年から専門的ロールとして定義されおり、その役割に対する認識も広がってきています。

　著者らの所属企業においても、社内コミュニティ活動や社内勉強会、社外向けセミナーなどでカオスエンジニアリングが取り上げられる機会が増えてきており、日々、カオスエンジニアリングの普及が進んできていると実感しています。

　「マイクロサービス化のさらなる加速」や「文化の変化」などのチャレンジはあるものの、カオスエンジニアリングの重要度が増し、採用する組織が増えていくことでしょう。

CHAPTER
08

エンタープライズへの
導入にむけて

>>> **本章の概要**

　本章では、エンタープライズでカオスエンジニアリングを導入
するにあたり、ツール以外の側面に焦点を当てて説明します。

エンタープライズへの適用ステップ

　全社的にデジタルトランスフォーメーション(DX)を推進するためにも、情報システム部門のこれまでの役割とスコープに対して変化が求められています。DXに必要となる新しい技術領域に取り組むためにも、パブリッククラウドやSaaS(Software as a Service)の活用、クラウドネイティブなアプリケーション開発の推進が必要です。パブリッククラウドを活用していくためには、障害が発生することを前提にアプリケーションおよびインフラストラクチャーを設計・実装します。そして、高頻度のリリース実現と変更に伴うサービス停止リスクをコントロールして、システムの信頼性を維持する運用を行っていくことが求められます。

　一方で、セキュリティ、堅牢性、投資対効果の観点から、オンプレミスに残らざるを得ないシステムも存在するため、パブリッククラウドとオンプレミスにシステムが分散し、一部のシステムはハイブリッドクラウド構成となっています。パブリッククラウドとオンプレミス環境を組み合わせることで、それぞれのシステム特性を活かしたサービス展開が可能ですが、どちらか一方のインフラ環境のみ利用する場合に比べ、システム構成が複雑化しています。ハイブリッドクラウド環境を運用するにあたり、管理項目や必要となるスキルも増えることでシステム状況の把握が難しくなり、運用負荷が高くなる可能性があります。

　このような複雑化するシステム環境を信頼性高く運用していくには、カオスエンジニアリングによりシステムのレジリエンシーを高めていけるかが鍵となってきます。カオスエンジニアリングの実践は比較的新しいものですが、複雑化するシステム環境を運用していくにあたり強力な武器となります。この武器をいかに使いこなせるかで、システムの信頼性は大きく変わります。

　しかし、カオスエンジニアリングの普及はまだ初期段階であるため、従来型システムを担当してきた組織で実践する際の阻害要因として、「認識」「文化」「時間と予算」の3つの障壁があるようです。

- 認識：本番環境で障害をランダムに発生させるという理解が主流であり、リスクが高いという誤認識につながっている。
- 文化：従来型の組織文化や非機能面よりも機能面に対する品質やテストを重視する考え方が、カオスエンジニアリング採用の妨げになることがある。

- 時間と予算：現状発生しているインシデントへの対応や、定型運用の作業負荷が高く、新しい取り組みに対する実践と関連するテクノロジーなどの学習に投資する時間と予算を獲得することが困難。

詳しくは下記を参照してください。
- The I&O Leader's Guide to Chaos Engineering
  URL https://www.gartner.com/smarterwithgartner/
  the-io-leaders-guide-to-chaos-engineering

　スタートアップ企業やWeb系サービスを展開する組織では、最初からパブリッククラウド上で**SoE（System of Engagement）**型のサービスを提供しているケースが多く、また、比較的新しいアプローチを積極的に取り入れていく組織文化を持っています。そのため、カオスエンジニアリング導入に対する障壁は低く、日本においても一部の企業はカオスエンジニアリングを実践して、システムの回復性改善に取り組んでいます（CHAPTER 07参照）。
　一方、主に**SoR（System of Record）**型システムを担当している企業・組織では、障害は基本的に悪であり、障害発生率が限りなくゼロに近いサービス提供を目指して、設計・運用を行っています。組織文化も、基本的に安定と既知のものを好む傾向があり、不確実性や抜け漏れがないようにすべてを管理することを理想としています。このような失敗を学習体験とすることに抵抗のある組織に対してカオスエンジニアリングを導入するのは、とてもハードルが高くなります。そして、大半の大企業の情報システム部門では、このマインドセットが該当するのではないでしょうか。
　システムダウンが企業のビジネス損失だけでなく、社会経済や人命などにかかわるような社会インフラとしてのシステムに対しては、このようなマインドセットや取り組みは重要です。大企業においては、システム障害時の社会的影響が非常に大きく、高品質のサービスを提供し続けている実績もあるため、社会全体や顧客側も提供されるサービスの信頼性に対する期待値がとても高くなっています。これまで社会インフラとして安定稼働を重視したシステム運用を担ってきた組織からすると、故意に障害を起こして振る舞いを観察するというアプローチに転換するのが難しい点はとても理解できます。

173

しかし、パブリッククラウド環境を活用できる組織になっていくためには、不確実性や環境変化に追従していく必要があり、これまでのやり方やマインドセットを変えていく必要があります。サービスの目的やシステムの特性に合わせて、ツールだけでなくカルチャーやプロセスも変える必要がありますが、新しい取り組みを組織に導入しようとするとき、最も困難なことの1つは、変化が必要で有益であることを組織に納得させようとすることです。このセクションでは、チーム内、そして最終的には組織全体、場合によっては会社全体にカオスエンジニアリングを導入するためのステップについて説明します。

●表8.1　SoEとSoRの違い

項目	SoR、モード1	SoE、モード2
重要視される価値	耐障害性、堅牢性	スピード、柔軟性
実現すべき目標	安定稼働、コスト削減	ビジネス収益、顧客体験
開発・保守体制	ウォーターフォール、モノリシック、開発・保守分離	アジャイル、マイクロサービス、DevOps
カルチャー	・事例がある構成・製品を選定 ・システム変更は極力行わず、5年間以上使用	・ビジネス収益を最優先 ・最新技術を積極的に採用 ・必要な失敗を許容
主なシステム利用者	社員、ビジネスパートナー（特定可能）	顧客、IoT（不特定多数）
主なシステム構成	メインフレーム、仮想化基盤	パブリッククラウド、コンテナ、API

認識を変える

カオスエンジニアリングが、本番環境に対して意図的に障害を発生させるという点が、従来型システムを運用してきた組織からすると非常に理解されにくい点です。そして、（制御された状態ではなく）ランダムに障害を発生させてシステムの挙動を観察するという誤解が、さらに導入が敬遠されるもう1つの理由です。

これまで安定稼働重視でシステム変更すら極力行わないという文化を持つ組織においては、カオスエンジニアリングはリスクが高いと認識されており、また、実施効果も明確ではないため、実装検討すらされません。多くの場合、変更や何か新しいものの必要性を納得させるのは難しく、時間がかかります。追加で作業が発生し、システム運用に不安定性をもたらすものとして認識されているアプローチを導入することはさらに困難です。

　まずは、カオスエンジニアリングにおける賛同と協力を得るために組織の認識を変えるための活動を行います。パブリッククラウドを活用した環境に移行するにつれて、従来型のテストでは信頼性を確保するには不十分になってきます。大規模な分散システムでは、体系的に信頼性を担保するための新しいアプローチが必要であることを説明していきます。

　従来型システムを長年構築・運用してきた組織においては、従来型システムと同様のアプローチで分散型システムも設計・運用しているケースが散見されます。分散システムは本質的にモノリシックなシステムよりも複雑であるため、サービス提供に影響がでる障害をすべて予測することは困難であることを、認識することから始めます。経営層や管理職の方々にも、それぞれのシステムの特徴・違いなどを理解してもらうための説明から始める必要があります。パブリッククラウドであれば責任共有モデルや、可用性実現のために必要となるアーキテクチャーの違いなど、基本的なところから説明します。そのトレードオフとして、インフラや新機能利用に関する俊敏性や拡張性、柔軟なコスト最適化のメリットが得られることを強調します。ただ、いきなり組織全体を変えることは非現実的なので、チームメンバーの意識を変えるところからスタートし、徐々に仲間を増やしていきます。

　カオスエンジニアリングが、なぜ誕生したのか、何が重要なのか、そして組織がより信頼性の高いシステムを構築するのにどのように役立つのかを理解し、明確に説明できるようにします。CHAPTER 02でも説明した従来型のテストとカオスエンジニアリングの特徴と目的の違いを理解してもらうことが鍵となります。

　多くの組織では、カオスエンジニアリングは物事を壊すことであり、物事を壊す・壊れることは悪であるという誤解をしばしば持たれています。カオスエンジニアリングは、ランダムにシステムを壊したりすることではないことを理解してもらうことが重要です。信頼性を構築するために、十分に計画された実験を通じて、制御された環境でシステムに障害を注入することを説明します。そのためにも、CHAPTER 03で説明したカオスエンジニアリングの原則をベースとしたステップで取り組みます。

　カオスエンジニアリングを導入しない場合、カオス的振る舞いによるシステムダウンをすべて許容することになり、リスクを高めるだけとなります。カオスエンジニアリングを実践しない場合に何が起こるかについて話し合い、実践する場合の見返り（より信頼性の高いシステム、より少ないダウンタイム、より幸せな顧客）と比較します。プロアクティブにシステムの弱点を特定して修正するためのより良い方法であることを主張し続けることが重要です。

　効果的なカオス実験とするためにも、新しい知識を獲得するという共通認識が重要になってきます。従来型の組織文化だと想定外の事象が起こると設計・テストの考慮漏れとして扱われ非難されてしまうケースが多くあるので注意が必要です。また、インシデントの詳細を明らかにするためにも、失敗から学習する文化や、人を批判しない文化を醸成することを意識しましょう。組織およびチームメンバーの心理的安全性が確保されることで、より質の高いカオス実験を行うことができます。

　カオスエンジニアリングを実践することで運用負荷が上がりそうですが、インシデントが発生した場合、結局、同様の対応が必要となります。インシデントが発生してから対応するか、プロアクティブに対応するかの違いだとすると、大小含めて年に数回しか障害が発生しないシステムでない限り、ワークロードはさほど変わらないか、むしろ計画的に対処することにより負担が軽減されるのではないでしょうか。

　パブリッククラウド活用やシステムの複雑化が進むにつれて、カオスエンジニアリングの実践によるレジリエンシーの向上は必須のアプローチとなります。カオスエンジニアリングを実践してITシステムを学び、深く理解する文化を育むことにより、システムに壊滅的な結果をもたらす可能性のある将来のSLA（Service Level Agreement）違反を回避することの必要性を説明し、認識を変えていきましょう。

🔷 推進チームを決める

　次に、カオスエンジニアリングが、システムの信頼性を証明し継続的に改善していくための重要なツールであることを実証していきます。これには、カオスエンジニアリングを実践するチームや最初のプロジェクトを選び、組織内での長期的な成功と横展開していく計画を立てることも含まれます。FITツールの導入や1回限りの実行だけで終わらせるのではなく、継続的に実施することで、カオスエンジニアリングを組織に浸透させていきます。

　カオスエンジニアリングの実践は、クラウドネイティブな環境を持続発展的に運用していく**SRE（Site Reliability Engineering）**チームのプラクティスとして実践するのが一般的です。**SREとは、サービスの信頼性に焦点を置いてシステムを運用するための、Googleが提唱したベストプラクティスです**。SREでは、運用上の課題に対してソフトウェアエンジニアリングによる解決手法を取り入れることで対処していきます。SREチームは、システム信頼性を向上することを目的とし、可用性、可観測性、パフォーマンス、リリース運用などにおける脆弱性を早期に発見し改善していくことが求められるため、積極的にカオスエンジニアリングを実践していくべきでしょう。

　SREチームの構成人数の規模にもよりますが、カオスエンジニアをアサインします。そして、カオスエンジニアリングをSREチームオペレーションの一部として組み込み、レジリエンシーの向上施策や、後述する**GameDay**の企画・実施を推進します。まずは本番環境以外の環境で取り組むのが推奨ですが、本番環境で実施する場合は、**エラーバジェット**を考慮して、実験頻度やターゲットとする仮説バックログを選択するのがよいでしょう。エラーバジェットとは、100%からSLOを引いた値となり、許容可能なサービス停止を表します。本番環境で実施する場合は、エラーバジェットの範囲で実施することが前提となります。そして、SREチームだけでなく、ユーザー部門など他組織と協力してカオス実験の計画を作成・実施し、経験を積み、継続的に改善していくことを実践していきます。

　SREチームが存在しない（現行SysOpsチームがSREのプラクティスを実践していない）場合、システムの信頼性を制御するという概念（SLO管理に基づくエラーバジェット運用など）がないため、特に本番環境で実施するのは難しいかもしれません。しかし、本章の後半で説明しますが、ステージング環境などで、一部の弱点の発見、システムの理解、インシデント対応スキルの向上を目的として、現行SysOpsチームが取り組んでいくのがよいでしょう。すでに障害訓練を計画している組織であれば、その一環としてカオスエンジニアリングの概念を組み込むのが、周囲の抵抗も少なくなり、実践しやすいと思います。

　カオスエンジニアリングは、プロアクティブにシステムの弱点を発見し修復していくアプローチであるため、継続的なシステム変更が発生します。カオスエンジニアリングを実践する場合は、継続的な改善活動を行うためのエンジニアリング時間の確保が必要となります。システムを変更することはある程度のリスクを伴うので、リスクコントロールも必要です。他にも、システムの可観測性、自動化、モニタリング指標などSRE運用で必須となるプラクティスの実践が必要となってきます。このような活動を実現するためにもSREのプラクティスを取り入れた運用に徐々に変えていくのがよいでしょう。こちらもカオスエンジニアリングの導入と同じで、ボトムアップで取り組む場合は、小さく始めてみることが重要です。

🔹 チームの目標（達成したいこと）を決める

　適用対象システムを決めて、何を達成、改善したいのかを決めます。漠然と品質改善や信頼性の向上といっても、複数の指標が存在します。それにより、システム、人、プロセスなど改善すべき対象が異なってきます。まずは、組織もしくはサービスにおいて課題となっていることを整理し、優先的に改善すべき事象を特定し、目標を決定します。

　経営層、開発チーム、保守チームなど、組織やロールごとに関心や達成したい目標は異なります。新しい取り組みをする際には、各組織や役職に応じた関心事・目的を設定することが重要となってきます。ビジネスKPIとシステムKPIの両方を定義することで、経営層・現場担当者の双方にとって、カオスエンジニアリングに対する効果の説明が容易になります。他人事から自分事として認識・理解してもらえるかが成功の鍵となります。

◆ 現場チームの目標例

　現場のチームは、直近の信頼性の向上や運用負荷の軽減が目標となるでしょう。休日・深夜に緊急コールで叩き起こされるのをいかに減らすことができるか、深夜もぐっすり眠れる安心感を得ることが一番の目標かもしれません。カオス実験では、システムとその仕組みについての理解が深まるというメリットもあるので、チームとして理解が不十分なシステム領域の理解などの観点も目標に加えます。想定外のインシデントが発生した場合でも、はるかに短い時間で問題を解決できるようになります。

　現場チームのカオスエンジニアリング実施による改善目標例としては、次のような項目が考えられます。

- 障害発生率の低下
- 障害対応時間の短縮
- システム変更時のリスク低減
- システムの回復力の向上
- システム構成の理解

◆ 経営層の目標例

　経営層が達成したい目標はもっとハイレベルで定義され、金額や社会的信用に関連する目標となります。たとえば、ビジネスの収益性を高めるためのダウンタイムの短縮化という目標にどのように役立つかという観点から組み立てます。特にSoE系のシステムに関するダウンタイムのリスクを減らすことは、直接的に顧客満足度の向上と収益増加を意味します。また、SoR系システムでも社会インフラとして提供されているシステムの場合、顧客影響がある場合にはニュースとなり、社会的信用の低下につながる恐れがあるため、顧客影響を最小化することが関心事となります。

　カオスエンジニアリングのような新しい分野を採用するには、環境の準備や学習に対する時間と予算が追加で必要です。そのためにも、決済権限を持つ経営層に対して、収益増加、コスト削減、またはリスクを軽減することでビジネスの一部が改善することを実証する必要があります。

　経営層のカオスエンジニアリング実施による改善目標例としては、次のような項目が考えられます。

- ダウンタイムによるビジネス機会損失の低減
- 障害時の社会的影響の低減
- 障害対応に伴うトータルコスト削減
- システム運用に関する経費削減

◆ 利用できる指標例

　カオスエンジニアリングの実装により、システム信頼性の向上によって顧客満足度がどれだけ上がったのか、あるいは障害発生から回復までの時間がどれだけ短縮されたかなど、定量的に効果測定を行う必要があります。ビジネスKPIの指標としては、展開するサービス特性ごとに異なるので、ここでは、システムKPIとして利用できる指標をいくつか紹介します。これらの指標は、システムダウンタイムに影響するため、そこから機会損失などのコストにも換算することで、費用対効果について説明することができると思います。

● サービスレベル指標（Service Level Indicator : SLI）・サービスレベル目標（Service Level Objective : SLO）

　システムの長期的な可用性を示す指標と目標レベルになります。これらは、ユーザーが期待するサービス提供レベルを定義するのに役立ちます。SREモデルによる運用を実践している組織では、すでに定義されている指標だと思います。SLIとしては、CHAPTER 03で紹介したゴールデンシグナル、REDメソッド、USEメソッドなどを参考とします。

● 平均故障間隔（Mean Time Between Failures : MTBF）

　各コンポーネント障害が1度発生してから次に発生するまでの平均故障間隔になります。MTBFが短いということは、システムが頻繁に障害を起こしていることを示しています。

● 平均検出時間（Mean Time To Detect : MTTD）

　実際にインシデントが発生してから検出されるまでの平均時間になります。MTTDが短いということは、効果的なモニタリングが実装されており、インシデントに迅速に気づくことができることを意味します。

● 平均修復時間（Mean Time To Repair : MTTR）

　インシデントを検出し修復して回復させるまでの平均時間になります。MTTRが短いということは、チームがインシデントの検出から原因を特定し、修復・回復させるまでを効率的に対応できていることを意味します。MTTRが長いということは、それだけシステムダウンタイムが長く、利用ユーザーの不満や機会損失を招くため、非常に重要な指標となります。こちらは必ずしも人手の対応とは限りません。人手かかると、そのぶんMTTRは長くなります。

　理想は、自動回復機能が実装されており、インシデント対応から復旧まで人による作業時間が含まれていないのが理想的です。

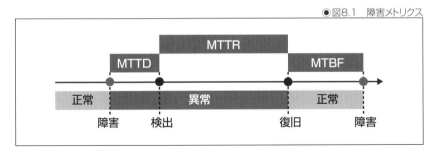

●図8.1　障害メトリクス

　従来型テストと同様に、カオスエンジニアリングを実践することで、発見した弱点をすべて修正しSLOが100%となることを目指すという考えを持たれることがあります。これは誤った目標であり、カオス実験をするために必要な時間と労力の投資と、適切なSLOの達成との間のバランスをとる必要があります。達成したい目標とそれにかけるコストは、システムの重要度や求められる信頼性と比較検討する必要があります。

　ここで紹介した指標ごとの目標値について、ステークホルダー間で合意しておきます。当然、システムの種類やアーキテクチャーによっては、投資に対して十分な効果が得られない場合がありますので考慮が必要です。

● ステージング環境で実践する

　CHAPTER 03でも説明したカオスエンジニアリングの原則に従い、カオス実験を計画します。実際にサービスを提供している環境の弱点を発見するために、本番環境で実践できることが理想です。しかし、最初は、カオスエンジニアリングに対するスキルやステークホルダーからの信頼も低いことが想定されるので、本番影響がでない開発環境やステージング環境でカオス実験を行います。本番環境以外の場所で実験を繰り返し、カオスエンジニアリングに対する成熟度と組織メンバーからの信頼性を高めていきます。

　最初に攻撃を開始するシステムは、データロスやアプリケーション自体が壊れないシステムから選択するのがよいでしょう。単純な攻撃シナリオから実行し、インシデント発生時のシステムの振る舞いの観察と復旧までのシナリオを学習します。カオスエンジニアリング実施前後での各インシデントに対するKPIの変化を整理し、改善結果について組織内や経営層に報告します。

8
エンタープライズへの導入にむけて

　繰り返しになりますが、新しい取り組みは、スモールスタートではじめて、早めに成果を出して、徐々にメンバーや対象システムを広げていくことが重要です。その際、組織内へのナレッジや実験効果などの情報発信も積極的に行っていきます。カオスエンジニアリングを実践することで、その恩恵を受けることができる利害関係者を特定します。最終的には、エンジニアリングチームだけでなく、通常の本番障害時に関わる他の組織も巻き込むことが必要となります。こちらは、ある程度エンジニアリングチームのスキルが身に付いてきたところで、GameDayなどのイベントを企画して、他の組織や経営層も巻き込んだカオス実験を実施していきます。

● 投資利益率（Return On Investment：ROI）について

　システムのダウンタイムがビジネス損失につながることを認識し、カオスエンジニアリングの導入がどれだけビジネス損失を回避できたかを試算することも重要です。そのため、カオスエンジニアリングを導入する（した）ことによる投資利益率（Return On Investment：ROI）も重要な指標となります。特に、eコマースサービスであればダウンタイムがビジネス収益に直接的に影響するため、費用対効果は見積もりやすいです。全体の売り上げに対してeコマース比率が高いほど、ダウンタイムによる影響は大きくなります。エンタープライズでは、まだeコマースによる売り上げ比率が低いため、サイトダウンによる直接的な影響は低いと思いますが、今後DXが進むにつれて、この比率が高くなっていくことが想定されるのでとても重要となってくるでしょう。

　下記のGremlin社のサイトでは、eコマースサイトでサービス停止が発生した場合のコストがランキングで紹介されているので、これらの情報も参考としてください。各eコマースサイトの年間レベニューを時間で割って、停止時間に対する損失額を計算しています。閑散期・繁忙期などは考慮されていません。

- ● Cost of Downtime for Top US eCommerce Sites
  - URL https://www.gremlin.com/ecommerce-cost-of-downtime/

人・プロセスに対する導入

　カオスエンジニアリングで発見する弱点は、システムの技術面だけではありません。カオスエンジニアリングのアプローチは、人やプロセスに対しても適用できます。Chaos Conf 2019で、当時Google社のエンジニアであるDave Rensin氏が「**Chaos Engineering for People Systems**」というタイトルで講演したことで、カオスエンジニアリングを組織や人に適用する手法が広まりつつあります。

- KEYNOTE: CHAOS ENGINEERING FOR PEOPLE SYSTEMS - Speaker Deck

　URL https://speakerdeck.com/chaosconf/
keynote-chaos-engineering-for-people-systems

　企業規模が大きくなるほど、組織もサイロ化・分散化した複雑なシステムとして捉えることができます。インシデント発生時は、関連する人や組織が連携して対応することになります。大企業になるほど、システム関係者は、複数の情報システム部門、情報小会社、ベンダーや協力会社が関係してくるため、連携が必要な組織自体も複雑化する傾向があります。このような状況に対して、人やプロセスについても障害を注入することで、運用マニュアル・手順書などのドキュメントの不備、システムの知識不足、非効率なチーム間連携、対応プロセスの弱点などの脆弱性を特定するのに役立ちます。カオスエンジニアリングはバグやシステム障害に対処するために組織も訓練します。

　次に、カオスエンジニアリングを人やプロセスに対して導入することで、発見すべき脆弱性の例をいくつか紹介します。

■ ナレッジの単一障害点を検証する

　ランダムにチームメンバーを意図的に作業に参加させないなどとすることで、特定のメンバーに重要な情報やタスクが偏りすぎていないか、個人のスキルに依存していないかなどを確認します。突然の欠勤や異動・退職になった場合も、円滑に業務遂行できるように属人化するのを防ぎます。たとえば、ランブックやすでに共有されている情報ではなく、個人メンバーの知識に依存してトラブルシューティングとインシデントへの対応を行なっている場合、ボトルネックが発生し、平均修復時間（MTTR）が長くなる可能性があります。

　システム更改を繰り返しながら長年運用を続けているようなシステムでは、特定の個人に知識が偏っている傾向が高くなります。メンバーとして在籍している間は、一時的なMTTRの増加で済みますが、将来的には、そのようなメンバーの転職や定年退職などによるナレッジのブラックボックス化が起こります。このような運用品質の低下リスクは、早い段階で対処しておく必要があります。スキルトランスフォーメーションの計画を立てるためにも、既存メンバーのスキルマップやシステム理解度の検証としてカオスエンジニアリングを活用するのがよいでしょう。

■ 情報処理の精度を検証する

　あえて「一部の情報を隠す（伝わらないようにする）」や「偽の情報を伝える」なども取り入れます。これらは、混乱した状態でのインシデント対応中だとよく起こります。特に、インシデント対応者のロケーション（データセンター、プロジェクトルーム、自宅、本社ウォールルーム）が別れているような状況では、伝えたつもりの情報が一部の時間帯、ロケーション・人のみに連携されており、情報が断片的にしか得られないことが多々あります。また、意図的ではないせよ、誤った情報として、環境情報やインシデント発生の経緯などが伝わってくるパターンもよくあります。それにより、二次災害を招くことも経験しています。情報は1つのチームメンバーから別のチームメンバーに流れていきます。効果的な協力とコミュニケーションのためには、メンバー間にある程度の信頼が必要ですが、インシデント対応時の混乱した状況においては、物事を額面通りに受け取るのではなく、物事を再確認して検証するためにも、ある程度の不信感が必要です。結局のところ、間違いを犯すのは人間です。

🔷 プロセスを検証する

　プロセスや手順書自体の検証も必要です。いざ障害が発生した際には、通常のプロセス通りに対応した場合に承認者が不在で対応が遅れたり、プロセスをスキップしたことによる事故や、設計書、パラメータシート、手順書の不足、手順の記載間違いにより二次障害を引き起こすことはよくあります。特に、滅多に使用されないリカバリ手順に依存している場合には、手順が有効であることを確認するために定期的なテストが必要です。システム変更にともなう作業手順書の修正が漏れているケースはとても多くなっています。

🔷 運用系ツールを検証する

　設計書などのドキュメントやコード管理ツールなど、普段アクセスしているシステムが利用できないケースも想定するとよいかもしれません。業務影響がないため、あまり考慮されていないことが多いですが、必要なときにアクセスできないことで、障害対応や変更作業ができないことによるダウンタイムの長期化につながるリスクとなります。このような状況でも、作業可能となるように準備しておくことは重要です。

　品質高く効率的なインシデント対応をするためには、人、ロケーション、インシデント対応に参加したタイミングに関係なく、正確に同じ情報が共有できる仕組みを作る必要があります。また、想定外の事象が発生したとしても、冷静に事実を調査し、根本原因分析できるスキルを身に付けることも重要です。これらは、年に数回のインシデント対応では身に付きません。そもそものシステムに対する知識や製品スキルも必要ですが、場数を踏むことで得られるスキルでもあります。システムの振る舞いについては、本番環境で実施しないと、本番環境におけるシステムへの本当の影響はわかりません。しかし、人やプロセスなどに焦点をあてた弱点の発見については、ステージング環境で行っても十分効果は期待できます。

導入対象システムの拡張

　CHAPTER 07でも解説されている通り、カオスエンジニアリングの実装事例の大半は、パブリッククラウドやコンテナ技術を用いてマイクロサービス化されたシステムとなっています。しかし、計画的に障害を起こすことでシステムの弱点をあぶりだし、プロアクティブに改善していくというアプローチは、オンプレミスのモノリシックアーキテクチャで構成されたシステムにおいても活用できると考えます。

　近年、オンプレミスのSoR型システムだとしても、パブリッククラウド上で稼働するシステムからAPI経由で利用されることによる接続システム数の増加や、仮想化ソフトウェアによるハードウェアの抽象化により、インフラストラクチャー層の障害によるサービス影響を理解するのが難しくなっています。**サービス指向アーキテクチャ（Service Oriented Architecture：SOA）**により構成されているシステムでは、サービスごとにシステムがコンポーネント化されており、それらが相互通信して処理を行っている分散システムとなるため、サービス全体における処理の複雑性が増しています。

　このように、オンプレミス環境の場合でも複雑化しているシステムがあるにもかかわらず、信頼性向上へのアプローチはこれまでと何も変わっていません。従来型のアプローチでは、開発時のテストと変更後のリグレッションテストにて品質が担保できていることになっています。基本的には網羅性のあるテストケースを作成してリリース前に設計通りに実装できているか検証します。インシデント対応については、テストにて品質が担保されていることを前提として、インシデント管理とサービスの復旧を重視する事後対応プロセスに重点を置いています。

　しかし、昨今のIT環境の複雑化やインフラ層などの抽象化に伴い未知の割合が増えていることで、100%のテストカバレッジを達成することは困難になってきています。従来型のアプローチでカバーできているのは、既知の事象が中心となるため、未知の事象が増えたオンプレミスのシステムについても、従来型のテストだけでは品質を担保することが難しくなってきています。

　複雑性が増したオンプレミスのシステムについては、すべてのテストケースを網羅的に洗い出せないことを前提として、品質向上に取り組むことが必要です。そして、未知の事象が多い状況では、カオス実験を実施することでシステムの脆弱性を発見し改善するアプローチが有効です。インシデント対応も事後ではなく、プロアクティブに対処し、大規模障害が発生するリスクの低減を図ります。そして、このアプローチは、CHAPTER 06でも説明しましたが、障害インシデントだけでなく、セキュリティ・インシデントについても適用することが可能です。オンプレミス環境のセキュリティ対策は、基本的には境界防御型を前提としていると思いますが、パブリッククラウド、SaaSなど外部環境との接続数が増加しているため、想定外のセキュリティリスクが潜んでいることを前提にカオス実験に取り組むのがよいでしょう。

　一般的なエンタープライズにおけるステージング環境は、基本的にシステム変更やインシデント発生時の再現環境としてのみ利用されているケースが大半で、システムに対する変更をほぼしない塩漬け前提のシステムでは、あまり使われていません。本番環境との差異はあると思いますが、システムアーキテクチャーの理解、未知の事象に関する発見学習、インシデント対応の実機訓練などを目的にカオスエンジニアリングを実践する環境として、ステージング環境を有効活用するのがよいでしょう。

　本章の前半でも説明したステップに従い、オンプレミスのSoR型システムに対しても、カオスエンジニアリングを導入し、定期運用・保守項目の1つとして定義して、システム、人、プロセスの改善活動に取り組みます。次に説明するGameDayとして企画するのがよいでしょう。ステージング環境で障害対応訓練しておくことで、本番で障害が発生した際にも落ち着いて対処することが可能となり、MTTRの短縮にもつながるでしょう。カオス実験で脆弱性を発見できた場合は、事前に対応しておくことで、不要な障害対応を削減することができ、運用負荷の低減も期待できます。

　テクノロジーやアーキテクチャーは日々変化しているので、それに合わせて従来の手法についても見直していきます。オンプレミスのSoR型システムであったとしても、IT環境の複雑性は今後も増加していくことが想定されるため、従来型システムを担当している組織においても、カオスエンジニアリングへの取り組みは避けて通れません。社会インフラを担うようなヘルスケア、金融、通信、電力業界の企業は、平均的なシステムよりもさらに停止するのを防ぐ必要があるため、新しいアプローチによる信頼性向上についても試行してみるとよいでしょう。

　ちなみに、下記のように、2019年に「カオスエンジニアリングの原則」から「distributed」が削除されていることからも、ITシステム全般に対して実践可能という意図があるのではないかと推測しています。

- 変更前:Chaos Engineering is the discipline of experimenting on a distributed system（略）〜
- 変更後:Chaos Engineering is the discipline of experimenting on a system（略）〜

GameDayを企画する

　カオス実験を導入する際は、まずは定期開催イベントとして**GameDay**を企画するのがよいでしょう。このセクションでは、カオスエンジニアリングにおけるGameDayについて説明いたします。

🎲 GameDayとは

　多くの企業や組織では、**事業継続計画（Business Continuity Plan：BCP）**の取り組みとして、**災害復旧（Disaster Recovery：DR）**や**情報システム緊急時対応計画（IT System Contingency Plan：IT SCP）**に対して、年次・半期などでインシデント対応訓練を実施しているところもありますが、これは想定可能な災害や既知の障害に対する訓練となっています。事前に計画されたシナリオ通りに、想定された障害事象に対して、決められたプロセス、手順に従って対応していき、問題がないことを確認します。基本的に想定外の事象は発生しません。これはとても重要な訓練ではありますが、想定していない障害事象が発生したときの問題分析や復旧作業に対するスキルを育成することはできません。

　カオスエンジニアリングにおいても、定期的に重大な障害を意図的に発生させることで信頼性を高めることを目的に行うGameDayがあります。GameDayも避難訓練のようなものですが、これまで取り組んできた避難訓練とは実施目的や実施内容が異なります。従来型の避難訓練では、想定したシナリオ通りに、行動できているか確認することが目的となりますが、GameDayは、結果を観察し、信頼性を向上させるために取るべきアクションを決定するためのイベントです。GameDayでは、関係者全員がシステムの弱点発見に集中する時間を確保します。

●表8.2　インシデント対応訓練とGameDayの違い

項目	インシデント対応訓練	GameDay
開催頻度	年次イベント	継続的実施
目的	プロセス・手順の確認	障害対応力の向上、脆弱性の発見
アプローチ	想定手順の実行	攻撃、Fault Injection
復旧方針	バックアップからの復旧	自動回復
前提	システムは堅牢	システムは脆弱

　カオスエンジニアリングにおけるGameDayの目標は、システム、プロセス、メンバースキルの弱点を改善して、平均修復時間（MTTR）などを改善することです。このイベントではシステムに対する知識を試すだけでなく、各組織におけるインシデント対応プロセスに親しんでもらうための機会でもあります。トラブルが発生したときしかトラブルシュートしない状況では、システムに対する理解度や障害対応スキルを向上することは難しいです。しかも同様の障害の件数はそれほど多くないため、メンバーのローテーションなどによっては、既知の障害だとしてもはじめての対応となることも多々あります。

　GameDayを実行すると、チームの境界や役職を超えて、個人・組織のエンゲージメントからインシデントの解決までを検証できます。安全な環境で潜在的に危険なシナリオを実践する機会となります。GameDayイベントを積極的に実施することで、次のような観点で新たな知識が獲得できます。

- メンバー・組織がインシデントにどのように対応するか
- システムがインシデントにどのように対応するか
- システムが異常となる兆候があるかどうか
- 可観測性のパフォーマンスは十分か

🎲 GameDay実施のステップ

　GameDayを実施するための各ステップの考慮点を説明します。これらは組織や対象システムによって異なるため、ニーズに合った適切な手順を決定するために事前に調査が必要な場合もあります。

◆ 計画する

　GameDayは、集中的にカオス実験に取り組み弱点を発見することと、チームのトラブルシューティング能力を測るのが目的です。GameDayで達成したい目標や、そのために発生させるインシデントを決定します。このとき、仮説バックログから未知の事象が多そうなシナリオを選択するのがよいでしょう。また、対象システムや、実施日時も決定します。GameDayで利用するツールや連絡先などは事前に全メンバーに連携しておきます。このとき、参加メンバーやそれぞれの役割をインシデント対応チームとして決めておきます。インシデント対応チームについては、別途後述します。

　GameDayの開催時間ですが、2～4時間ぐらいを目安とするのがよいでしょう。チームや利害関係者と一緒に、仮説バックログについて説明し、GameDayで探索するのに十分な価値のあるものについて合意します。

◆ 実行する

　実際に障害を注入します。インシデントを検出してから、対応が必要と判断したら、それぞれの役割に従い、トラブルシューティングを開始します。このとき重要なのは、事象回復までの手順確認もそうですが、システムの振る舞いや人・プロセスの弱点を発見することです。取得しているメトリクスは十分な情報を得られたか、当該事象に対して顧客体験はどうだったか、メンバーの動きに問題はなかったかなど、文書として記録していきます。

◆ 振り返り

　振り返りは、記憶が新鮮なうちのGameDay実施直後（数日以内）に実施します。**ポストモーテム**を作成し、チーム内でMTTRを短縮するために必要なことを議論します。これは、ツールの実装だけでなく、プロセスや体制やメンバースキルなども含めて議論するのがよいでしょう。そして継続的なカオス実験の実施を可能とする自動化対象についても検討します。

　GameDayは、多くのチームの時間を必要とするため、工数が多くかかる可能性があります。GameDayの実施頻度は、自動化のレベルにもよります。頻度が低いと、システムの弱点を学習する機会やメンバーのスキル育成の機会が少なくなります。なるべく頻度を上げて効果を高めるためにも、継続的実施を前提に自動化を組み込むことを推奨します。

🔲 インシデント対応チーム

　インシデントにはチームで対応します。その際、**インシデントコマンドシステム（現場指揮システム、Incident Command System：ICS）**を参考に体制を組むのがよいでしょう。インシデントコマンドシステムは、米国で開発された災害現場・事件現場など緊急時における標準化された組織マネジメントの手法です。

インシデントコマンドシステムでは、次の4つの担当者が必要となるため、事前に担当するメンバーを決めておきます。GameDayでは、インシデントごとに役割をローテーションするなどして、該当メンバーが休暇などで不在時も対応できるか確認するとよいでしょう。

●表8.3 インシデント対応チームの担当者と役割分担

担当者	役割分担
インシデント指揮官 （Incident Commander：IS）	現場を指揮する役割を担い、調査及び対応の指揮・監督をし、対応方針を決断する
作業担当者 （Subject Matter Expert：SME）	実際に技術的な調査や障害対応作業を行う役割
コミュニケーション調整役 （Communication Liaison）	インシデントに関連するステークホルダーに状況の共有を行う役割。チーム内外からのコミュニケーションを一手に引き受け、割り込みから障害対応チームを守る
書記役（Scribe）	障害対応の状況を記録する役割。チャットツール（Slackなど）や共有ドキュメントに、状況やアクションプランを整理し、トラッキングすることを支援する。コミュニケーション調整役が兼務することもある

●図8.2　インシデント対応チーム例

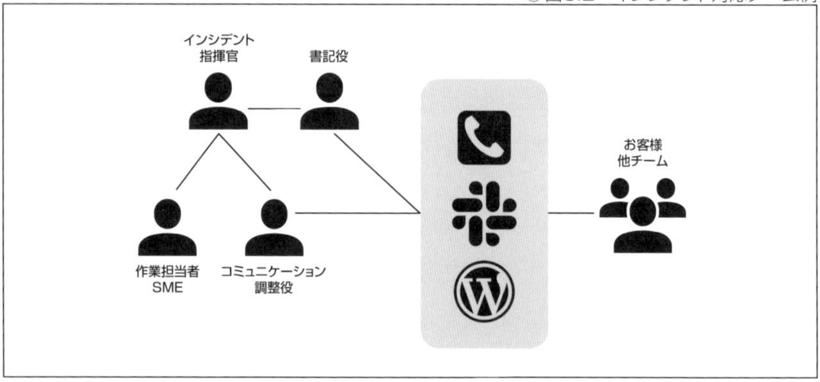

インシデント指揮官や作業担当者は基本的にアサインされると思いますが、コミュニケーション調整役も非常に重要となるロールです。インシデント発生時は、さまざまな部署や役職の方から同じような状況確認が短い頻度できます。この連絡に対処していることで、オペレーションの指示・実行が遅れたり、作業ミスにもつながります。インシデント指揮官と作業担当者が本来のミッションを遂行するためにも、コミュニケーション調整役は必ず配置しましょう。また、同じような確認事項が複数箇所から来るので、最新情報は1箇所に集約して参照できるようにしておき、無駄な問い合わせを減らすことや、コミュニケーションごとの質のばらつきをなくすことも非常に重要となります。

SECTION-38

本章のまとめ

　本章では、カオスエンジニアリングをエンタープライズに適用するための考え方や手順を説明してきました。

　エンタープライズでカオスエンジニアリングを開始するには、まずは、情報システム部門の経営層や組織メンバーに対して、カオスエンジニアリングの目的や実装ステップを説明するところからはじめて、正しい認識を持ってもらいます。次に、推進するチームを決めて、ステージング環境で実践することによりカオスエンジニアリングのスキルおよび実績を獲得していきます。カオスエンジニアリングのような新しい取り組みは、スモールスタートからはじめて、文化の変化を促進しつつ、適用対象システム・組織を拡大していきます。

　カオス実験を行う際には、定期的なイベントとしてGameDayを企画し、可観測性の高度化、迅速な障害対応を実現する障害対応スキル、障害連絡フローなど、人、プロセス、およびプラクティスに至るまでのすべてをスコープとすることにより、サービス信頼性の向上を目指します。

　従来型システムを担当している組織でも、今後さらに複雑化していくIT環境を運用していくには、カオスエンジニアリングのような比較的新しいアプローチでも積極的に取り入れていくことが重要となってきます。本章が、エンタープライズにおけるカオスエンジニアリングの取り組みを始める際の足がかりとなれば幸いです。

参照先リスト

下記に本章の参照先をまとめておきます。

- How to Run a GameDay

  `URL` https://www.gremlin.com/community/tutorials/
  how-to-run-a-gameday/

- Chaos Engineering Adoption Guide

  `URL` https://www.gremlin.com/adoption-guide/

- How to Convince Your Organization to Adopt Chaos Engineering

  `URL` https://www.gremlin.com/champion-playbook/

- The Guide to Chaos Engineering for I&O Leaders

  `URL` https://www.gartner.com/smarterwithgartner/
  the-io-leaders-guide-to-chaos-engineering

索引

数字

4つのゴールデンシグナル ················· 40
5 Lessons We've Learned Using AWS
···································· 47
10-18 Monkey ·························· 16

A・B

A/Bテスト ····························· 87
analysis ····························· 103
analysis.metrics ····················· 104
analysis.webhooks ··················· 106
Ansible Automates Tokyo 2020 ··· 157
ANY ································· 97
attacks ······························ 97
Authorization ························ 99
AWS Dev Day Tokyo 2019 ·········· 154
AWS Fault Injection Simulator ········ 57
AWS re:Invent ····················· 138
Azure Chaos Studio ·················· 57
BCP ································ 189
Bearer ······························ 99
Blast Radius ························· 38
Business Continuity Plan ············ 189

C・D

CFIA ································ 22
ChaosBlade ······················ 56,58
Chaos Conf 2019 Recap勉強会 ······ 154
Chaos Engineering ·················· 138
Chaos Engineering for People Systems
···································· 183
Chaos Engineering読書会 ·········· 155
Chaos Gorilla ························ 16
Chaos Kong ·························· 16
chaoskube ························ 56,59
Chaoslingr ·························· 135
Chaos Mesh ······················ 56,58
Chaos Monkey ···················· 15,16
Chaos Toolkit ···················· 56,58
CI/CD ···························· 23,84
cliArgs ······························ 98
Cloud Native Computing Foundation
··································· 23,56
CloudNative Days Tokyo 2019 ······ 153
CNCF ···························· 23,56

Component Failure Impact Analysis
···································· 22
Conformity Monkey ·················· 16
containerSelection ···················· 97
Cygames ··························· 162
Design for failure ··················· 120
Design for Failure ····················· 22
destination_service_name ·········· 104
Disaster Recovery ·················· 189
Doctor Monkey ······················ 16
DR ································· 189
DWANGO.JP CODE ·················· 151

E・F・G・H

eight fallacies of distributed computing
···································· 42
Failure/Fault Injection Testing ········ 28
FIT ································· 28
Flagger ··························· 93,96
GameDay ······················ 177,189
Gremlin ············· 56,57,62,64,93,96
Gremlin Agent ···················· 93,96
Horizontal Pod Autoscaler ············ 69
Hosted Serviceタイプ ················· 56
HPA ································ 69

I・J・K・L

IaC ································· 43
IBM's principles of chaos engineering
···································· 146
ICS ································ 191
impactDefinition ····················· 98
Incident Command System ·········· 191
Infrastructure as Code ··············· 43
Istio ····························· 93,96
IT SCP ····························· 189
IT System Contingency Plan ········ 189
Janitor Monkey ······················ 16
JCB ······························· 164
k8sObjects ·························· 97
Key ································· 99
Key Performance Indicator ··········· 39
Known Knowns ······················ 25
Known Unknowns ···················· 25
KPI ································· 39

索引

Kubernetes 43,96
latency 105
Latency Monkey 16
Litmus 56,59

M・N・P・R

Managed Serviceタイプ 56
Mean Time Between Failures 180
Mean Time To Detect 47,180
Mean Time To Repair 47,180
metrictemplates.flagger.app 104
MTBF 180
MTTD 47,180
MTTR 47,180
Netflix 15,16
NIST 116
percentage 97
PowerfulSeal 56,60
Principles of chaos engineering 17
Prometheus 93,96
Recommendedシナリオ 72
REDメソッド 40
Return On Investment 182
ROI 182

S・T・U・V

SaaS 12
Security Monkey 16
service 103
Service Level Indicator 39,180
Service Level Objective 39,180
Service Oriented Architecture 186
Simian Army 16
Single Point Of Failure 22
Site Reliability Engineering 177
SLI 39,180
SLO 39,180
SOA 186
SoE 27,173
Software as a Service 12
SoR 173
spec 101
SPOF 22
SRE 177
State of Chaos Engineering 139,149

STATE OF
　CHAOS ENGINEERING 2021 47
steadybit 56,60
stepWeights 104
System of Engagement 27,173
System of Record 173
getDefinition 97
targetRef 102,104
templateRef 105
thresholdRange 105,109
Tokyo Chaos Engineering Community
152
Unknown Knowns 25
Unknown Unknowns 25
USEメソッド 40
Verica 135

あ行

アタックサーフェイス 129
アタックツリー分析 127
イベントログ 51
インシデントコマンドシステム 191
エッジコンピューティング 12
エラーバジェット 177
エンタープライズ 172
オブザーバビリティ 35,50
オンプレミス 12

か行

回復性 35
回復力 26
カオスエンジニアリング 14,26
カオスエンジニアリングの原則 17,20,37,188
カオス実験 132
カオス実験実行機能 89
可観測性 35,48,50,71
仮説 133
仮説バックログ 40
カナリアデプロイメント 86
企業の損害 126
既知の既知項目 25
既知の未知項目 25
脅威 131
脅威モデリング 127

クックパッド……………………………… 157
クラウドコンピューティング ……………… 12
クラウドネイティブ技術…………………… 23
継続的改善………………………………… 46
検証………………………………………… 76
現場指揮システム ……………………… 191
攻撃者の利益……………………………… 126
攻撃対象…………………………………… 66
構成要素障害影響分析…………………… 22
コンテナ…………………………………… 23

さ行

サービス指向アーキテクチャ ………… 186
サービスメッシュ ……………………… 23
サービスレベル指標 …………………… 39,180
サービスレベル目標 …………………… 39,180
災害復旧………………………………… 189
事業継続計画…………………………… 189
実験……………………………………… 26
実験グループ…………………………… 44
自動化………………………… 36,45,78
シナリオ ………………………… 69,126
主要業績評価指標……………………… 39
障害事象………………………………… 73
情報システム緊急時対応計画 ……… 189
ステージング環境……………………… 181
セキュリティ …………………………… 114
セキュリティインシデント ……………… 120
セキュリティカオスエンジニアリング 121,126
セキュリティホール …………………… 119
ゼロトラスト …………………… 115,116
宣言的API……………………………… 23

た行

単一障害点………………………… 22,184
弾力性……………………………………… 26
定常グループ……………………………… 44
データフローダイアグラム …………… 127
デプロイ手法……………………………… 86
デプロイ制御機能 ……………………… 88
投資利益率……………………………… 182
トレース …………………………… 50,52

な行

認識と知識の分類……………………… 25

は行

パイプライン …………………………… 92
ハイブリッドクラウド構成 ……………… 12
爆風半径………………………………… 38
はじめてのカオスエンジニアリング…… 156
判定結果通知機能……………………… 88
評価……………………………………… 131
フィーチャートグル …………………… 87
不変のインフラストラクチャ…………… 23
プライベートクラウド…………………… 12
ブルーグリーンデプロイメント………… 86
プログレス判定機能 …………………… 88
プログレッシブデリバリ ………… 85,88
分散コンピューティングの8つの誤り… 42
分散システムアーキテクチャ ………… 24
分析……………………………………… 77
平均検出時間………………………… 47,180
平均故障間隔………………………… 180
平均修復時間………………………… 47,180
米国国立標準技術研究所……………… 116
変数……………………………………… 73
ポストモーテム ………………… 77,191

ま行

マイクロサービス ……………………… 23
未知の既知項目………………………… 25
未知の未知項目………………………… 25
メトリクス ………………………… 50,51
メトリクス収集機能 …………………… 88
モノリシックアーキテクチャ …………… 24

ら行

利用形態………………………………… 61
レジリエンス …………………………… 26
レトロスペクティブ……………………… 134
ロールバック …………………………… 109
ロギング………………………………… 51
ログ……………………………………… 50

■監修者紹介

さわはし まつお
澤橋 松王

1991年東京電機大学卒業後、日本アイ・ビー・エム株式会社入社。2019年に技術理事就任。2021年9月よりキンドリルジャパン株式会社 執行役員 最高技術責任者 テクノロジー本部 本部長。主な著作に『OpenStack徹底活用テクニックガイド』(シーアンドアール研究所)、『OpenShift徹底活用ガイド』『クラウドネイティブセキュリティ入門』(共に、共著、シーアンドアール研究所)がある。TOGAF9認定アーキテクト。一般社団法人日本情報システム・ユーザー協会非常勤講師。公益財団法人ボーイスカウト日本連盟所属。

■著者紹介

せき よしたか
関 克隆

キンドリルジャパン株式会社。金融・保険系を中心に大規模なインフラ基盤の設計・構築・運用を担当。現在は、クラウドネイティブ環境の活用やサイト・リライアビリティ・エンジニアリングをベースとした運用改善のコンサルティングや提案活動などに関わっている。主な著作に『OpenShift徹底活用ガイド』『クラウドネイティブセキュリティ入門』(共に、共著、シーアンドアール研究所)がある。博士(理学)、CKA(Certified Kubernetes Administrator)、CKAD(Certified Kubernetes Application Developer)、認定スクラムマスター、JFA公認D級コーチ、4級審判員

かわすみ おさむ
河角 修

キンドリルジャパン株式会社。2016年日本アイ・ビー・エム株式会社に入社し、パブリッククラウドを利用したエンタープライズシステムの設計・構築・運用を幅広く経験。
現在はkubernetes、OpenShiftを中心としたコンテナプラットフォーム構築の提案活動や設計を担当。著書に『OpenShift徹底活用ガイド』(共著、シーアンドアール研究所)がある。CKA(Certified Kubernetes Administrator)、CKAD(Certified Kubernetes Application Developer)、CKS(Certified Kubernetes Security Specialist)、JSAワインエキスパート

すずき よういちろう
鈴木 洋一朗

マルチテナント型クラウドサービスの運用を経て、さまざまな業界におけるクラウド基盤の設計・構築・運用や、マルチクラウドサービスの開発を経験。主な著作に『OpenShift徹底活用ガイド』(共著、シーアンドアール研究所)がある。一般社団法人日本情報システム・ユーザー協会非常勤講師。CKA(Certified Kubernetes Administrator)、CKAD(Certified Kubernetes Application Developer)、Red Hat Certified Specialist in OpenShift Administration、Red Hat Certified Specialist in OpenShift Application Developmentの認定資格を取得。

うえの けんいちろう
上野 憲一郎

日本アイ・ビー・エム株式会社 クライアント・エンジニアリング本部にてCTOとして活動中。アプリケーション・サーバーおよびWebサービスの性能向上に長年携わり、お客様システムの性能改善に加え、カンファレンス発表、論文・技術記事・書籍執筆などの活動も多数。最近はモダンサービスマネージメント(SRE、ChatOps、AIOps、カオスエンジニアリングなど)に傾倒。オンプレミスからクラウドへの移行時のITオペーレーションの変革に関し、国内外のお客様への技術支援を実施。著書に『WebSphere V3.5 Handbook』(共著、Prentice Hall)、『Webサービスプラットフォームアーキテクチャ』(共訳、エスアイビーアクセス)。

編集担当 ： 吉成明久 / カバーデザイン ： 秋田勘助（オフィス・エドモント）
写真：©Mariusz Szczygieł - stock.foto

●特典がいっぱいのWeb読者アンケートのお知らせ

C&R研究所ではWeb読者アンケートを実施しています。アンケートに
お答えいただいた方の中から、抽選でステキなプレゼントが当たります。
詳しくは次のURLのトップページ左下のWeb読者アンケート専用バナー
をクリックし、アンケートページをご覧ください。

C&R研究所のホームページ　**https://www.c-r.com/**

携帯電話からのご応募は、右のQRコードをご利用ください。

カオスエンジニアリング入門

2022年3月22日　　初版発行

監修者	澤橋松王
著　者	関克隆、河角修、鈴木洋一朗、上野憲一郎
発行者	池田武人
発行所	株式会社　シーアンドアール研究所
	新潟県新潟市北区西名目所4083-6（〒950-3122）
	電話　025-259-4293　　FAX　025-258-2801
印刷所	株式会社　ルナテック

ISBN978-4-86354-381-2 C3055
©Matsuo Sawahashi, Yoshitaka Seki, Osamu Kawasumi, Yoichiro Suzuki,
Kenichiro Ueno, 2021

Printed in Japan